Jens Christan Raß

InGaN-basierte semipolare und nichtpolare Lichtemitter

Jens Christan Raß

InGaN-basierte semipolare und nichtpolare Lichtemitter

Charakterisierung von InGaN-basierten Lichtemittern auf semipolaren und nichtpolaren Halbleiteroberflächen

Südwestdeutscher Verlag für Hochschulschriften

Impressum / Imprint

Bibliografische Information der Deutschen Nationalbibliothek: Die Deutsche Nationalbibliothek verzeichnet diese Publikation in der Deutschen Nationalbibliografie; detaillierte bibliografische Daten sind im Internet über http://dnb.d-nb.de abrufbar.

Alle in diesem Buch genannten Marken und Produktnamen unterliegen warenzeichen-, marken- oder patentrechtlichem Schutz bzw. sind Warenzeichen oder eingetragene Warenzeichen der jeweiligen Inhaber. Die Wiedergabe von Marken, Produktnamen, Gebrauchsnamen, Handelsnamen, Warenbezeichnungen u.s.w. in diesem Werk berechtigt auch ohne besondere Kennzeichnung nicht zu der Annahme, dass solche Namen im Sinne der Warenzeichen- und Markenschutzgesetzgebung als frei zu betrachten wären und daher von jedermann benutzt werden dürften.

Bibliographic information published by the Deutsche Nationalbibliothek: The Deutsche Nationalbibliothek lists this publication in the Deutsche Nationalbibliografie; detailed bibliographic data are available in the Internet at http://dnb.d-nb.de.

Any brand names and product names mentioned in this book are subject to trademark, brand or patent protection and are trademarks or registered trademarks of their respective holders. The use of brand names, product names, common names, trade names, product descriptions etc. even without a particular marking in this works is in no way to be construed to mean that such names may be regarded as unrestricted in respect of trademark and brand protection legislation and could thus be used by anyone.

Coverbild / Cover image: www.ingimage.com

Verlag / Publisher:
Südwestdeutscher Verlag für Hochschulschriften
ist ein Imprint der / is a trademark of
AV Akademikerverlag GmbH & Co. KG
Heinrich-Böcking-Str. 6-8, 66121 Saarbrücken, Deutschland / Germany
Email: info@svh-verlag.de

Herstellung: siehe letzte Seite /
Printed at: see last page
ISBN: 978-3-8381-3407-9

Zugl. / Approved by: Berlin, TU, Dissertation, 2012

Copyright © 2012 AV Akademikerverlag GmbH & Co. KG
Alle Rechte vorbehalten. / All rights reserved. Saarbrücken 2012

Das (InAlGa)N-Halbleitermaterialsystem bietet durch seine über einen weiten Bereich abstimmbare Bandlücke die Möglichkeit, optoelektronische Bauelemente wie beispielsweise Leuchtdioden (LEDs), Laserdioden und Photodetektoren für den Spektralbereich zwischen dem ultravioletten (UV) und dem gesamten sichtbaren Bereich herzustellen. Dabei kristallisiert InAlGaN in der hexagonalen Wurtzitstruktur, die gegenüber kubischen Kristallen eine verringerte Symmetrie aufweist. Dies hat Einfluss auf Materialeigenschaften wie beispielsweise interne elektrische Felder und optische Doppelbrechung, wobei die sogenannte c-Achse eine ausgezeichnete Kristallrichtung darstellt. Diese steht senkrecht auf der Basalebene der hexagonalen Einheitszelle, der (0001) c-Ebene.

Konventionelle InGaN-basierte LEDs und Laser werden im Allgemeinen auf der c-Ebene hergestellt, wodurch in der Struktur spontane und piezoelektrische Polarisationsfelder entstehen, die parallel oder antiparallel zur c-Achse orientiert sind. Diese Felder führen zu einer Verbiegung der Bänder und im Falle von Bauelementen mit Quantenfilm zum quantum confined Stark effect (QCSE). Die Folge ist eine Verringerung der effektiven Bandlücke und eine reduzierte Effizienz für strahlende Ladungsträgerrekombination, die die Effizienz des Bauelements drastisch reduziert. Eine vielversprechende Möglichkeit zur Reduktion des QCSE ist die Erzeugung von Bauelementen auf anderen als der c-Ebene, wobei man zwischen nichtpolaren und semipolaren Kristallebenen unterscheidet. Mit der Herstellung von optoelektronischen Bauelementen auf diesen Ebenen reduzierter Symmetrie ergeben sich eine Reihe neuer Herausforderungen und physikalischer Effekte, deren Verständnis für die Realisierung leistungsfähiger LEDs und Laser essentiell ist.

Obwohl gerade in den letzten Jahren erhebliche Fortschritte im Bereich der nitridbasierten Lichtemitter zu beobachten waren, sind viele physikalische Zusammenhänge noch immer nicht völlig verstanden. In dieser Arbeit sollen verschiedene Aspekte betrachtet werden, deren Berücksichtigung für die Erzeugung hocheffizienter nicht- und semipolarer Bauelemente zu beachten sind. Dazu zählen neben den optischen und optoelektronischen Merkmalen auch technologische Aspekte, die sich auf die Prozesstechnologie und die Bearbeitung der epitaktisch gewachsenen Wafer auswirken.

Der Stand der Technik, die grundlegenden physikalischen Aspekte von Nitridhalbleitern sowie die Eigenschaften und Besonderheiten nicht- und semipolarer Bauelemente werden in Kapitel 1 erklärt.

Im Kapitel 2 werden Technologien zur Herstellung leistungsfähiger Lichtemitter betrachtet. Allgemeine Verfahren zur Prozessierung von LEDs und Laserdioden (LD) sind im Abschnitt 2.1 erläutert, wobei ein Schwerpunkt auf der Bearbeitung sehr kleiner Proben liegt.
Im Abschnitt 2.2 werden Prozesstechnologien und physikalische Zusammenhänge diskutiert, um auf semipolaren Oberflächen ohmsche Metall-Halbleiterübergänge mit geringem spezifischen Kontaktwiderstand herzustellen. Hierbei steht der p-Kontakt im Vordergrund, da wegen der großen Bandlücke und der damit verbundenen notwendigen großen Austrittsarbeit des p-Kontaktmetalls hier die größten technologischen Schwierigkeiten zu überwinden sind. Dabei werden verschiedene Kontaktmetallisierungen, Formierungs- und Vorbehandlungsmethoden studiert, um die Leistungsfähigkeit von p-Kontakten auf semipolarem Galliumnitrid zu optimieren.
Im Abschnitt 2.3 werden Methoden untersucht, um qualitativ hochwertige Laserspiegel für verschiedene nichtpolare und semipolare Laserstrukturen zu erzeugen. Dazu zählen unter anderem laserunterstütztes Spalten, trocken- und nasschemisches Ätzen und Bearbeitung mittels eines fokussierten Ionenstrahls. Hierbei kommen Methoden wie Rasterkraftmikroskopie, Elektronenmikroskopie, optisches

Pumpen von Laserstrukturen und die numerische Simulation von Wellenleitern mit geneigten Facetten zur Anwendung.

Das Kapitel 3 behandelt InGaN-basierte Lichtemitter, die auf der Grundlage der Untersuchungen aus dem vorangegangenen Kapitel hergestellt wurden.

Im Abschnitt 3.1 werden auf verschiedenen nicht- und semipolaren Kristallorientierungen prozessierte LEDs betrachtet und charakteristische Parameter wie die Wellenlänge und die Halbwertsbreite der Elektrolumineszenz sowie deren Abhängigkeit vom Injektionsstrom werden untersucht.

Im Abschnitt 3.2 werden optisch gepumpte Halbleiterlaser untersucht. Dabei steht der Einfluss der verwendeten Kristallorientierung auf die Laserschwelle sowie die Mechanismen der Wellenleitung in semipolaren Lasern im Vordergrund. Zu diesem Zweck wird die Wellenleitung durch die Schichtstruktur rechnerisch und experimentell analysiert und optimiert.

Das Kapitel 4 behandelt die physikalischen Besonderheiten nichtpolarer und semipolarer InGaN-Quantenfilmstrukturen.

Im Abschnitt 4.1 werden optische und optoelektronische Besonderheiten der nicht- und semipolaren Bauelemente diskutiert, die aufgrund der nicht symmetrischen Wurtzitstruktur hervorgerufen werden. Hierzu zählt insbesondere die Änderung der Bandstruktur und die daraus folgenden Materialeigenschaften wie beispielsweise die Möglichkeit, polarisierte spontane Emission zu zeigen. Die Doppelbrechung des Nitridsystems beeinflusst die optischen Eigenmoden in Lasern, was die Gewinneigenschaften semipolarer Laser signifikant verändert.

Die piezoelektrischen Polarisationsfelder und ihr Einfluss auf die Eigenschaften von InGaN-Bauelementen werden in Kapitel 4.2 diskutiert, wobei spannungsabhängige Transmissionsmessungen an LED-Strukturen zur Bestimmung der internen Felder verwendet werden.

The InAlGaN system offers the opportunity to tune the band gap and hence the emission wavelength of opto-electronic devices such as light emitting diodes (LED), laser diodes and photo detectors over a wide spectral range from the ultra violet over the whole visible region. Since it crystallizes in the hexagonal wurtzite structure the symmetry is reduced compared to cubic systems. This influences parameters such as internal fields and birefringence. The c-axis which is perpendicular to the hexagonal (0001) c-plane, is a symmetry axis of special interest. Conventional InGaN-based LEDs and lasers are produced on the c-plane with the consequence of strong polarization fields along the c-axis, leading to a band bending. In the case of quantum well structures the quantum confined Stark effect (QCSE) occurs, leading to a reduced effective band gap and a decreased efficiency for radiative recombination and hence a reduced device efficiency. In order to reduce the QCSE, devices can be produced on other crystal planes than the c-plane, so called nonpolar and semipolar planes. Since here the symmetry is further decreased, this affects several physical parameters that need to be studied in order to produce efficient high power light emitters.

In this work, several aspects concerning semipolar and nonpolar nitride-based light emitters are being studied. Apart from the physical aspects such as optical and optoelectronical characteristics also processing issues will be addressed.

The physics of III-nitride semiconductors as well as the state of the art are discussed in chapter 1. The properties and specific characteristics of nonpolar and semipolar devices are introduced.

In chapter 2 technologies for the realization of efficient III-nitride-based light emitters are addressed.
In section 2.1 processing parameters and especially the handling of very small wafers is discussed.
The technological and physical aspects of the generation of ohmic

contacts with low specific contact resistivity on semipolar surfaces are addressed in section 2.2. Since this is most challenging for p-contacts due to the large band gap and the necessary high work function of the contact metal, the focus is here on contacts to p-GaN. The influence of metallization, chemical de-oxidation and thermal annealing are studied and optimized.

Section 2.3 deals with methods to produce vertical, smooth and highly reflective mirrors for laser diodes. For this technologies such as laser scribing and cleaving, plasma dry etching, wet chemical treatment and focused ion beam etching are studied and their suitability for certain laser facets is discussed. The facets are studied using atomic force microscopy, scanning electron microscopy and optical pumping of laser structures and are accompanied by numerical simulation of waveguides with tilted facets.

Based on the results from the previous chapter, LEDs and lasers are produced and analyzed in chapter 3.

In section 3.1 LEDs on different semipolar and nonpolar planes are analyzed with respect to parameters such as emission wavelength, spectral width and spectral shift with injection current.

Optically pumped lasers are studied in section 3.2. The influence of the crystal orientation onto the surface morphology and the laser threshold is analyzed. Using waveguide simulations and threshold measurements the waveguide design of semipolar lasers is analyzed and optimized.

In chapter 4 special physical characteristics that originate from the tilt of semipolar surfaces with respect to the c-plane and from the reduction of the symmetry in semipolar devices are analyzed.

In section 4.1 the effect of the reduced symmetry on the band structure, optical polarization characteristics, birefringence and the eigenmodes of lasers are studied and the consequences on the anisotropic gain is discussed. Measurements of the optical polarization state of spontaneously emitted light from LEDs and optically excited quantum well structures allows the determination of the valence subband structure.

The origin of polarization fields in nitrides and the influence of the crystal orientation onto their strength is analyzed in section 4.2 using electro-transmission spectroscopy on LEDs.

Inhaltsverzeichnis

1 Einführung in die Nitrid-Halbleiter **11**
   1.1 Entwicklung von III-N-Halbleiterlasern 11
   1.2 Anwendungen 12
   1.3 Materialeigenschaften der Nitride 15
       1.3.1 Bandlücke von Nitridhalbleitern 16
       1.3.2 Substrate für die Nitridepitaxie 17
       1.3.3 Brechungsindex und Modeneinschluss 19
   1.4 Polarisationsfelder 21
       1.4.1 Spontane Polarisation 24
       1.4.2 Piezoelektrische Polarisation 26
   1.5 Epitaktisches Wachstum von Halbleiterstrukturen . . . 28
   1.6 Design von LEDs und Lasern 30
       1.6.1 Vertikales Design 30
       1.6.2 Laterales Design 33
   1.7 Aktueller Stand der Laserbauelemente 36

2 Technologie zur Herstellung semipolarer Bauelemente **39**
   2.1 Prozessierung von Halbleiterbauelementen 40
       2.1.1 Prozessablauf 40
       2.1.2 Photolithographie 41
       2.1.3 Erzeugung von ohmschen Metallkontakten . . . 42
       2.1.4 Strukturierung durch Trockenätzen 45
       2.1.5 Prozessierung kleiner Proben 46
   2.2 Herstellung elektrischer Kontakte 50

       2.2.1   Der Metall-Halbleiterübergang 50
       2.2.2   Einfluss der Dotierung des Halbleiters 53
       2.2.3   Untersuchungsmethoden 57
       2.2.4   Eigenschaften der untersuchten Proben 62
       2.2.5   Oberflächenbehandlung - Oxidätzung 63
       2.2.6   p-Kontakte: Kontaktmetalle und thermische Formierung 67
       2.2.7   Einfluss der Defektdichte und weiterer Kristallorientierungen 77
  2.3   Herstellung von Laserresonatoren 85
       2.3.1   Reflektivität geneigter Facetten 85
       2.3.2   Strukturierungsverfahren 88
       2.3.3   Laserunterstütztes Spalten 91
       2.3.4   Trockenchemisches Plasmaätzen 95
       2.3.5   Nasschemisches Ätzen 100
       2.3.6   Bearbeitung mit fokussiertem Ionenstrahlätzen (FIB) 102

3 Semipolare und nichtpolare InGaN-LEDs und Laser 109
  3.1   Leuchtdioden 109
  3.2   Halbleiterlaser 120
       3.2.1   Einfluss der Kristallorientierung 120
       3.2.2   Design des Wellenleiters 125

4 Anisotropien und Polarisationsfelder in semipolaren Nitridhalbleitern 145
  4.1   Anisotropie in semipolaren Strukturen 145
       4.1.1   Spontane Emission: Anisotropie der Valenzbandstruktur 146
       4.1.2   Stimulierte Emission: Doppelbrechung und Eigenmoden 152
       4.1.3   Stimulierte Emission: Anisotroper Gewinn . . . 158

4.2 Bestimmung der Polarisationsfelder 172
    4.2.1 Spannungsabhängige Transmissionsspektroskopie 172
    4.2.2 Polarisationsfelder in polaren Proben 178
    4.2.3 Polarisationsfelder in semipolaren Proben 180
    4.2.4 Alternative Methoden zur Bestimmung der internen Polarisationsfelder 182

5 Zusammenfassung — 189

6 Anhang — 195
  6.1 Gainanisotropie 195
  6.2 PIN-Diode 196

Literaturverzeichnis — 199

Abbildungsverzeichnis — 215

Inhaltsverzeichnis

1 Einführung in die Nitrid-Halbleiter

Das Indium-Aluminium-Gallium-Nitrid-Materialsystem ist ein vielfältiges System, das in der jüngeren Vergangenheit starkes Interesse in Forschung und Industrie hervorgerufen hat, da es die Grundlage für zahlreiche Anwendungen sowohl im Bereich der Lichtemitter als auch für Hochfrequenz-Hochleistungs-Feldeffekttransistoren bildet. Es wird häufig auch als (In,Al,Ga)N, GaN oder III-N-System abgekürzt, weil es je zur Hälfte aus Metallen der dritten Hauptgruppe des Periodensystems und zur anderen Hälfte aus Stickstoff aufgebaut ist. Die bevorzugte Kristallisationsform ist das hexagonale Wurtzit-System, wobei auch kubisches GaN möglich ist [1].

1.1 Entwicklung von III-N-Halbleiterlasern

Die ersten Laserdioden, deren aktive Zone aus InGaN bestand, wurden 1995 in der Arbeitsgruppe von S. Nakamura hergestellt [2]. Sie wurden elektrisch im Pulsbetrieb gepumpt und hatten eine Wellenlänge von rund 400 nm, was zu dieser Zeit den Rekord für die kürzeste Wellenlänge eines Halbleiterlasers darstellte. Kurz darauf gelang es durch Qualitätsverbesserungen, auch kontinuierlichen Laserbetrieb im sogenannten Dauerstrichmodus (cw) zu demonstrieren [3]. In den darauf folgenden Jahren gelang es auch anderen Gruppen, erste InGaN-basierte Laserdioden herzustellen [4–7], wobei insbesondere auf die

Reduktion der Schwellstromdichte j_{th} Wert gelegt wurde. Die ersten violetten Laser wurden 1999 von der Nichia Corporation kommerziell vertrieben. Seit diesen ersten technologischen Durchbrüchen wurden erhebliche Fortschritte erzielt und Laserdioden mit vielen hundert Milliwatt Ausgangsleistung und Lebensdauern von mehreren zehntausend Stunden wurden von verschiedenen Firmen wie Nichia, Sharp und Sanyo angeboten. Der erste große Anwendungsmarkt für violette GaN-basierte Laserdioden war die dritte Generation der optischen Datenspeicherung, die sich im Jahr 2004 unter dem Namen BluRay sowie dem inzwischen aufgegeben Konkurrenzsystem HD-DVD etablierte. Fortschritte in der Qualität des epitaktischen Wachstums erlaubten es, die Wellenlänge der Laserdioden sukzessive ins Blaue und Grüne zu verlängern, so dass eine neue Anwendung, die kompakte und transportable Laserprojektion, in den Fokus der Aufmerksamkeit rückte. In der Folge wurden Diodenlaser mit blauer ([8–12]) und grüner Emission ([13–18]) entwickelt, wobei sich die Forschungsgruppen ein Wettrennen um die längste Wellenlänge lieferten. Die Entwicklung von Wellenlänge und Ausgangsleistung ist in den Abbildung 1.1 gezeigt.

1.2 Anwendungen

Das AlInGaN-System bietet aufgrund seiner weit abstimmbaren Bandlücke die Möglichkeit, optoelektronische Bauelemente mit Bandlückenenergien E_g von 0,6 bis 6,2 eV herzustellen, womit der spektrale Bereich vom Infraroten bis ins tiefe Ultraviolette abgedeckt werden kann. Es muss jedoch berücksichtigt werden, dass einige Bandlückenenergien und somit Teile des Spektrums aufgrund der großen Gitterunterschiede der binären Komponenten nur schwer erreichbar sind. Bisher wurden Laserdioden mit Wellenlängen von 336 bis etwa 530 nm realisiert.

Die Anwendung des violetten InGaN-Lasers in der optischen Daten-

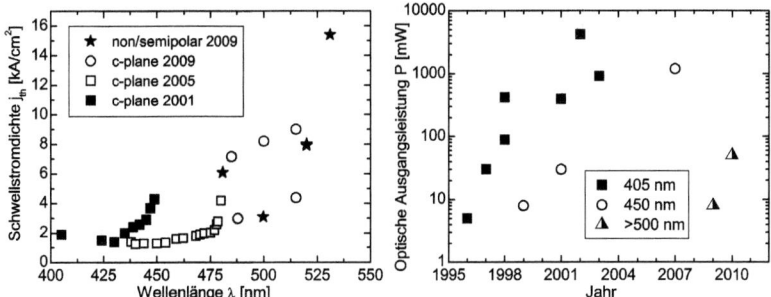

Abbildung 1.1
Links: Schwellstromdichte j_{th} von GaN-basierten Laserdioden auf c-plane und auf nicht- und semipolaren Ebenen als Funktion der Emissionswellenlänge.
Rechts: Zeitliche Entwicklung der optischen Ausgangsleistung P für violette, blaue und blau-grüne Laserdioden im Dauerstrichbetrieb (cw).
[10, 11, 13–28]

speicherung führte zu einer erheblichen Steigerung des Interesses und somit auch der Forschungsaktivitäten auf dem Gebiet der III-Nitride. Das Ziel dabei war es, durch die Verringerung der Wellenlänge des Lesesystems die Speicherdichte zu steigern. Nach Ernst Abbe ist der minimale Radius r_{min} eines fokussierten monochromatischen Lichtstrahls gegeben durch die Wellenlänge λ und die numerische Apertur NA der abbildenden Optik:

$$r_{min} = 0,61 \frac{\lambda}{NA} \qquad (1.1)$$

Der Faktor 0,61 ergibt sich dabei aus der ersten Nullstelle der Besselfunktion, die die Intensitätsverteilung im Beugungsbild hinter einer kreisförmigen Blende beschreibt. Da der Spotradius sowohl für den Abstand der Spuren (tracks) als auch die minimale Länge der Speicherstrukturen in einer Spur (pits) relevant ist, geht eine Verringerung der Wellenlänge invers quadratisch in die Erhöhung der Datendichte ein. Durch die Verringerung der Wellenlänge von 635 auf 405 nm von der DVD zur BD (blue laser disk, später BluRay und HD-DVD) war es möglich, die Datenmenge auf einer Ebene (layer) einer 12 cm-Scheibe von 4,7 auf rund 25 Gigabytes zu erhöhen [29–32]. Insbesondere die Verwendung im Heimkinobereich und in Spielekonsolen des Herstellers Sony führten hier zu einer hohen Nachfrage nach violetten Laserdioden und in der Folge zu einem erheblichen kommerziell motivierten Schub für die weitere Entwicklung GaN-basierter Lasersysteme.

Ein wichtiges Anwendungsfeld für ultraviolette Strahlung ist die Wasserdesinfektion, bei der DNA-Sequenzen durch die hochenergetischen Photonen aufgespalten werden, wodurch die Reproduktion von Bakterien verhindert wird. Heute werden hierfür noch teure Quecksilberdampflampen verwendet, die jedoch eine geringe Lebensdauer, eine geringe Mobilität und einen hohen Wartungsaufwand aufweisen und somit für die Anwendung in mobilen Geräten oder in Drittweltländern wenig geeignet sind. Das III-Nitridsystem bietet die Möglichkeit, die Quecksilberdampflampen durch kostengünstige, ungiftige und wartungsarme LED-Systeme zu ersetzen. Verwendet man einen hohen Aluminiumanteil in der aktiven Zone der LEDs, so schiebt die Wellenlänge zunehmend ins Ultraviolette. Auch in der Photolithographie oder in der industriellen Kunststoff- und Klebstoffverarbeitung könnten UV-LEDs die gebräuchlichen Quecksilberlampen ersetzen und so kosteneffizientere und robustere Systeme erlauben.

Erhöht man den Indiumanteil in der aktiven Zone, so vergrößert sich die Wellenlänge und blaue und grüne Laser werden möglich. Mit diesen wird die technologisch und kommerziell vielversprechende Anwendung der mobilen und kompakten Laserprojektion möglich. Dabei werden je eine rote, grüne und blaue Laserdiode (RGB) zu einem Projektionssystem verbunden, das aufgrund seines geringen Energiebedarfs und der kompakten Baugröße in Konsumentengeräten wie z.B. Mobiltelefonen integriert werden kann. Erste Geräte, die jedoch für den grünen Laser

einen frequenzverdoppelten Infrarotlaser anstelle eines direkt betriebenen InGaN Lasers verwenden, sind bereits erhältlich [33].
Andere Anwendungen von blau-grünen Lasern oder Vollfarb-RGB-Lasersystemen sind beispielsweise Echtfarbdrucksysteme, Fluoreszenzmarkierungen in biotechnologischen Anwendung, optische Datenübertragung über Kunststofflichtleitfasern und medizinische und therapeutische Anwendungen.
Im Bereich der Hochleistungs-LEDs sind insbesondere die Raum- und Allgemeinbeleuchtung sowie die Hintergrundbeleuchtung von Flachbildschirmen von großem Interesse, da die Verwendung von Leuchtdioden in Verbindung mit Farbstoff- und Phosphorsystemen zur Farbkonversion kompakte und energiesparende Beleuchtungssysteme ermöglichen, die den gesamten Bereich von der Automobil- über die Wohnraum- bis hin zur Straßenbeleuchtung abdecken. Durch Verwendung von kompakten RGB-LED-Systemen in der Hintergrunddisplaybeleuchtung sind dünnere Flachbildschirme möglich. Durch die schnelle und farbspezifische Modulation der LEDs ist darüber hinaus eine Erhöhung des Kontrastes in Bildschirmen realisierbar.

1.3 Materialeigenschaften der Nitride

III-N-Halbleiter werden typischerweise durch metallorganische Gasphasenepitaxie (MOVPE, metal organic vapor phase epitaxy, manchmal auch als MOCVD, metal organic chemical vapor deposition, bezeichnet) oder durch Molekularstrahlepitaxie (MBE, molecular beam epitaxy) hergestellt. Die bevorzugte Kristallisationskonfiguration ist die hexagonale Wurtzitstruktur mit der P6$_3$mc Symmetrie (Abbildung 1.2). Ebenfalls möglich, jedoch bei den üblichen Wachstumsparametern nicht stabil, ist die kubische F$\overline{4}$3m Zinkblendestruktur [1]. Die Kristallstruktur hat einen erheblichen Einfluss auf die Bauelemente, da insbesondere Polarisationsfelder, wie sie ausschließlich in der Wurtzitstruktur auftreten, die Parameter stark beeinflussen.

1.3.1 Bandlücke von Nitridhalbleitern

Die Bandlücke E_g ist einer der wichtigsten Parameter eines Halbleiterbauelements, da durch sie die Absorptions- und Emissionswellenlänge festgelegt wird. In Abbildung 1.2 ist die Bandlücke E_g für die drei binären Nitridhalbleiter InN, GaN und AlN sowie deren basale Gitterkonstante a gezeigt. Durch Mischen der Gruppe-III-Atome können die ternären Nitride InGaN, AlGaN und InAlN gebildet werden, wobei das Verhältnis zwischen Metall- und Stickstoffatomen im Kristall stets 50% beträgt. Der Bereich zwischen den Verbindungslinien in Abbildung 1.2 kann durch quarternäre InAlGaN-Verbindungen abgedeckt werden. Diese haben den Vorteil, dass die Bandlücke E_g und die Gitterkonstante a unabhängig eingestellt werden können. So ist $In_{0,18}Al_{0,82}N$ gitterangepasst zu GaN. Durch die unterschiedlichen Wachstumsbedingungen von InN und AlN, insbesondere die erheblich abweichende Wachstumstemperatur, ist die Herstellung von InAlN sowie von quarternären Nitriden eine große Herausforderung.

Die Bandlücke eines ternären III/N-Materials lässt sich aus den Bandlücken der binären Verbindungen berechnen. Dies ist exemplarisch für InGaN in Formel 1.2 dargestellt, wobei $E_{In_xGa_{1-x}N}$ die Bandlücke des ternären InGaN-Halbleiters, E_{InN} und E_{GaN} die Bandlücken der binären InN- und GaN-Kristalle, x der molare Mischungsfaktor und b ein sogenannter Bowing-Faktor ist, der die Abweichung vom linearen Verhalten angibt. Während die Bandlückenwerte relativ genau bekannt sind (siehe auch Tabelle 1.1), ist der Bowingparameter noch immer umstritten. Jedoch hat sich für das InGaN-System ein Wert in der Größenordnung von 1 eV durchgesetzt. Im gesamten quarternären Mischungsbereich ist die Bandlücke direkt, das heißt das Leitungsbandminimum und das Valenzbandmaximum liegen beide beim Kristallimpuls null.

$$E_{In_xGa_{1-x}N} = xE_{InN} + (1-x)E_{GaN} - x(1-x)b_{InGaN} \quad (1.2)$$

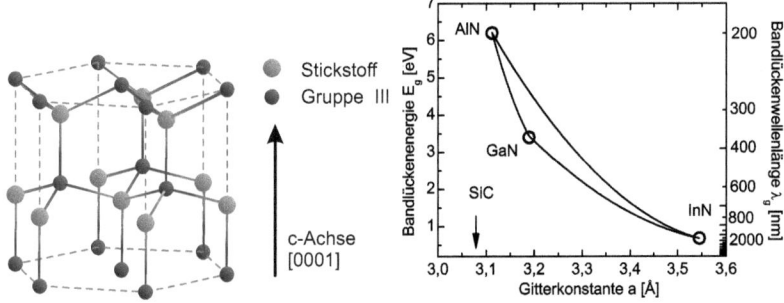

Abbildung 1.2
Links: Hexagonale Wurtzitstruktur für III-Nitridhalbleiter, Rechts: Bandlückenenergie E_g von binären und ternären III/V-Materialien als Funktion des Gitterabstands a in der Wurtzitstruktur. Der Gitterabstand für SiC ist zum Vergleich mit eingezeichnet. [34]

1.3.2 Substrate für die Nitridepitaxie

Für die Epitaxie von klassischen III-V-Halbleitern wie GaAs und InP verwendet man Substrate aus diesen Materialien, da nur so eine kleine Defektdichte und optimale Gitteranpassung zwischen gewachsener Schicht und Substrat erzielbar sind. Dieser Prozess wird auch als Homoepitaxie bezeichnet, und die Substrate werden als große Einkristalle (boule) aus einer Schmelze gewachsen. Dieses Verfahren ist für GaN nicht anwendbar, da der Dampfdruck von Gallium und Stickstoff sehr unterschiedlich ist und Drücke bis zu 60000 bar nötig wären, um ein Verdampfen des Stickstoffs aus der Flüssigkeit zu verhindern. Da jedoch die für Laserdioden nötigen Versetzungsdichten von we-

	InN	GaN	AlN
Bandlücke E_g [eV]	0.7	3,507	6,23
a-Gitterabstand [Å]	3,545	3,189	3,112
c-Gitterabstand [Å]	5,703	5,185	4,982
c/a-Verhältnis	1,609	1,626	1,601
a thermische Ausdehnung α_a [$10^{-6}K^{-1}$]	3,8	5,6	4,2
c thermische Ausdehnung α_c [$10^{-6}K^{-1}$]	2,9	3,2	5,3
thermische Leitfähigkeit k [W/Kcm]	0,45	1,3	2,85
Spin-Orbit-Valenzbandabspaltung Δ_{SO} [eV]	0,001	0,014	0,019
Kristallfeld-Valenzbandabspaltung Δ_{CR} [eV]	0,041	0,019	-0,164
Effektive Elektronenmasse m_e^* [m_e^*/m_0]	0,12	0,20	0,3
Effektive Lochmasse m_{hh}^* [m_{hh}^*/m_0]		1	
Polarisationskoeffizient p^{sp} [Cm^{-2}]	-0,032	-0,029	-0,081

Tabelle 1.1
Wichtige Materialparameter im InAlGaN-System, [34–38]

niger als 10^6 cm^{-2} ausschließlich durch homoepitaktisches Wachstum auf so genanntem Quasi-bulk-GaN erzielbar sind, wurden verschiedene Verfahren entwickelt, um vergleichsweise dicke Wafer herzustellen. Das am weitesten entwickelte und am meisten verwendete Verfahren ist die HVPE (hydride vapor phase epitaxy, Hydride Gasphasenepitaxie). Bei dieser werden mehrere Millimeter dicke GaN-Schichten auf Fremdsubstraten aufgewachsen, wobei durch die große Dicke und geeignete Zwischenschichten Defekte reduziert werden. Durch Sägen und Polieren ist es so möglich, 2" - 3" große GaN-Wafer mit geringer Versetzungsdichte herzustellen. Durch senkrechtes oder schräges Sägen lassen sich außerdem beliebige semipolare und nichtpolare Substrate erzeugen, die jedoch nur wenige Millimeter breit sind. Neben der HVPE-Methode, die von mehreren Firmen kommerziell betrieben wird, gibt es auch noch die ammonothermale Methode [39] und das Hochdruck-Hochtemperaturwachstum [40]. Mit diesen Methoden hergestellte Substrate haben zwar nochmals stark verringerte Defektdichten, sind jedoch bisher nicht in ausreichender Größe und Anzahl verfügbar.

Um preiswert große Substrate herzustellen, verwendet man Fremdsubstrate, auf denen nach einer Pufferschicht die Halbleiterstruktur heteroepitaktisch aufgewachsen wird. Da es für GaN kein Substrat mit ähnlicher Gitterkonstante gibt, haben die so hergestellten Schichten auf Fremdsubstraten eine große Gitterfehlanpassung, die zur Bildung von Defekten führt. Typische Fremdsubstrate für die Heteroepitaxie sind Saphir (Al_2O_3), Silizium (Si), Siliziumkarbid (SiC) und Lithiumaluminiumoxid ($LiAlO_2$), wobei Saphir das wichtigste und meist verwendete Material ist. Durch die große Gitterfehlanpassung bei diesen Substraten entstehen typische Versetzungsdichten von $10^9 - 10^{10}\,cm^{-2}$. Diese lassen sich durch Strukturieren und selektives Überwachsen (Epitaxial lateral overgrowth, ELOG) reduzieren [24, 41, 42].

Durch geeignete Auswahl der Fremdsubstrate und Anpassung der Wachstumsparameter ist es möglich, semipolare und nichtpolare GaN-Schichten herzustellen. So kann semipolares ($11\bar{2}2$) GaN auf nichtpolarem ($10\bar{1}0$) m-plane Saphir hergestellt werden [43]. Ein weiterer Ansatz für die Herstellung großflächiger GaN-Substrate ohne die Notwendigkeit der Oberflächenstrukturierung ist das Wachstum auf Silizium. Dabei können in Abhängigkeit der Silizium-Orientierung semipolare Proben mit unterschiedlichen Orientierungen erzeugt werden, die gegenüber der c-Ebene um Winkel von 0 bis etwa 45° verkippt sind [44].

1.3.3 Brechungsindex und Modeneinschluss

Wurtzitförmiges Galliumnitrid ist doppelbrechend, wobei die Achse der außerordentlichen Brechzahl im Dielektrizitätstensor entlang der c-Achse liegt. Dies hat gravierende Konsequenzen für die erlaubten Eigenmoden in semipolaren Laserdioden (siehe Kapitel 4.1). Um eine hinreichende Wellenführung und einen guten optischen Einschluss (beschrieben durch den Confinementfaktor Γ) in Diodenlasern zu erzielen, ist ein großer Unterschied zwischen den Brechzahlen von Wellenleiter (WL, waveguide) und der Mantelschicht (cladding) nötig (sogenannter Brechungsindexkontrast). Für Laser im violetten und blauen Spektralbereich verwendet man als Mantelschicht üblicherweise AlGaN, während der Wellenleiter aus GaN besteht [8]. Dabei ist zu beachten, dass ein hoher Aluminiumgehalt in den Mantelschichten zwar zu einem hohen Kontrast und damit einem guten optischen Confinement führt, allerdings sind hier dem Aluminiumgehalt und der Schichtdicke durch die Gitterfehlanpassung zwischen GaN und AlGaN Grenzen gesetzt. Ist die Verspannungsenergie der verspannten Schicht zu hoch und wird die so genannte kritische Schichtdicke überschritten, so wird die Verspannung durch die Bildung von Rissen oder die Relaxation der Schicht und Defektbildung abgebaut, was sowohl die optische Modenführung als auch die Qualität der Halbleiterschicht negativ beeinflusst. Daher muss ein Kompromiss zwischen optischem Confinement einerseits und dem Aluminiumgehalt und der Mantelschichtdicke andererseits gefunden werden, so dass die kritische Schichtdicke nicht überschritten und dennoch ein gutes optisches Confinement erzielt werden kann.

Je größer die Wellenlänge wird, desto geringer wird der Brechungsindexkontrast, so dass mehr und mehr Aluminium verwendet werden muss (siehe Abbildung 1.3). Für Laser im blauen und grünen Spektralbereich kann daher der Wellenleiter aus InGaN und die Mantelschicht aus GaN oder AlGaN gewachsen werden, was die Verspannung reduziert [22, 45]. Die Verwendung von InGaN-Wellenleitern führt jedoch zu neuen Problemen bei der Epitaxie, die im Detail in Kapitel 3.2 betrachtet werden. Eine optimale Struktur für III-V-Laser bestünde aus einem GaN-Wellenleiter und aus einem Mantel aus zu GaN gitterangepasstem $In_{0.18}Al_{0.82}N$, da sich hiermit ein sehr hoher Brechungsindexkontrast bei gleichzeitiger Eliminierung der Verspannung zwischen Mantelschichten und Wellenleiter erzielen ließe. Beim Wachstum einer solchen Schichtstruktur ergeben sich allerdings erhebliche Schwierigkeiten, die sich unter anderem in der Dotierung und einer hohen Oberflächenrauigkeit äußern. Verschiedene Ausführungen von Wellenleiterdesigns und deren Einfluss auf das optische Confinement in blauen und grünen Laserdioden wurden bei [46] diskutiert.

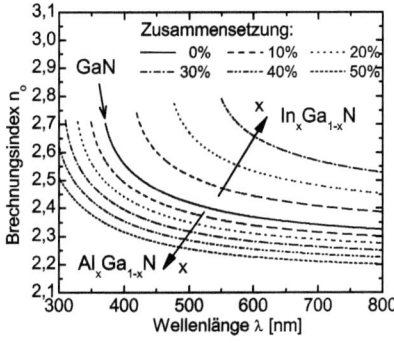

Abbildung 1.3
Ordentlicher Brechungsindex n_o von InGaN, GaN und AlGaN als Funktion der Wellenlänge, berechnet nach einem Modell von [47] mit Messwerten nach [48–52].

1.4 Polarisationsfelder

Kristallisiert ein Gruppe-III-Nitrid in der hexagonalen Wurtzitstruktur, so kommt es aufgrund der fehlenden Inversionssymmetrie zur Ausbildung von Polarisationsfeldern, die entlang der auf der Basalebene senkrecht stehenden c-Achse verlaufen. Hierbei unterscheidet man zwei Arten von Feldern, die in den folgenden Abschnitten näher betrachtet werden sollen: Die spontane Polarisation $\vec{P}^{sp}$ entsteht durch die ungleiche Bindungslänge der Ga-N-Bindung in den tetragonalen Atombindungen in Verbindung mit der unterschiedlichen Elektronegativität von Ga und N. Wächst man nun Heterostrukturen, beispielsweise InGaN auf GaN, so kommt es durch die in Abbildung 1.2 gezeigten unterschiedlichen Gitterkonstanten zu Verspannungen an der Grenzfläche, die zu einer Ausbildung von piezoelektrischen Polarisationsfeldern $\vec{P}^{pz}$ führen.

Der Sprung des entstehenden Gesamtfeldes $\vec{P} = \vec{P}^{sp} + \vec{P}^{pz}$ am Übergang von InGaN zu GaN führt zur Entstehungen von effektiven Grenzflächenladungen. Die Ladungen wirken bei einer Doppelheterostruktur wie ein Kondensator, zwischen dessen Platten ein elektrisches Feld liegt. Diese verursacht eine Verbiegung der Bänder, die im Fall von Quantenfilmen zum sogenannten quantum confined Stark effect (QCSE) führt. Die Folge des QCSE ist eine Verformung vom rechteckigen zu einem dreieckigen Potentialverlauf am Quantenfilm (siehe Abbildung 1.4). Dies führt zu einer Reduktion der effektiven Bandlücke, die sich in einer Rotverschiebung der Emissionswellenlänge bemerkbar macht sowie zu einer örtlichen Trennung von Elektronen- und Lochwellenfunktion. Außerdem verschieben sich die Schwerpunkte der Ladungsträgeraufenthaltswahrscheinlichkeiten von Löchern und Elektronen gegeneinander. Dadurch reduziert sich der Überlapp im Matrixelement (die so genannte Oszillatorstärke) für die strahlende Rekombination der Ladungsträger, wodurch die Ladungsträgerlebensdauer steigt [53] und die Effizienz des Bauelements in Abhängigkeit der nichtstrahlenden Rekombination drastisch reduziert wird.

Sind die Quantenfilme nicht auf der (0001) c-Ebene gewachsen, sondern auf dazu verkippten semipolaren oder nichtpolaren Kristallorientierungen, so reduziert sich die Stärke der senkrecht zur Wachstumsrichtung liegenden Felder mit zunehmendem Winkel und die Ladungsträgerlebensdauer sinkt [54]. Wie im nächsten Abschnitt gezeigt wird, ist die Winkelabhängigkeit der Feldstärke relativ komplex, da sie durch die anisotrope Verspannung der Einheitszelle beeinflusst wird.

Typische semipolare Ebenen sind in Abbildung 1.6 und in Tabelle 2.2 zusammengefasst. Die polare (0001)-Ebene wird auch als c-Ebene bezeichnet und ist die Standardebene für GaN-basierte Bauelemente. Hier sind die Polarisationsfelder maximal. Dazu senkrecht stehen die nichtpolaren Ebenen, die auch als nonpolare Ebenen bezeichnet werden. Bei diesen Ebenen liegt der Polarisationsvektor in der Wachstumsebene, wodurch das Feld senkrecht zum Quantenfilm ver-

1.4. Polarisationsfelder

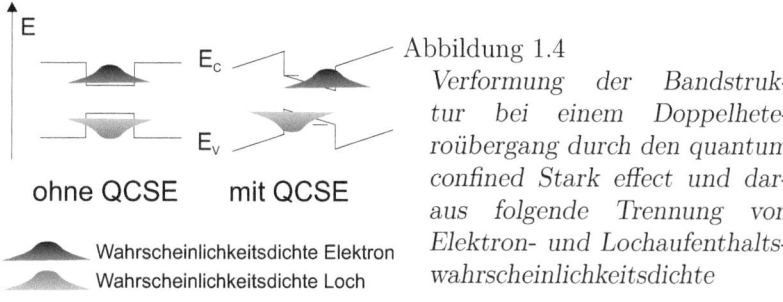

Abbildung 1.4
Verformung der Bandstruktur bei einem Doppelheteroübergang durch den quantum confined Stark effect und daraus folgende Trennung von Elektron- und Lochaufenthaltswahrscheinlichkeitsdichte

schwindet. Man unterscheidet hier die sogenannte (11$\bar{2}$0) a-Ebene und die (10$\bar{1}$0) m-Ebene. Semipolare Ebenen sind gegenüber der c-Ebene verkippte Ebenen, bei denen der vierte Index der Miller-Bravais-Indexbezeichnung nicht null ist. Das Feld ist gegenüber der c-Ebene reduziert. Typische m-artige Ebenen sind die (10$\bar{1}$3), (10$\bar{1}$2), (10$\bar{1}$1) und (20$\bar{2}$1)-Ebene. Die einzige relevante und häufig benutzte a-artige Ebene ist die (11$\bar{2}$2). Ein weiterer Vorteil der semipolaren Ebenen ist ein veränderter Wachstumsmodus. Es gibt Hinweise, dass der Indiumeinbau bestimmter Ebenen effizienter ist [55], wodurch die Qualität von Quantenfilmen mit hohem Indiumgehalt für den grünen Spektralbereich erhöht werden kann. Dies erleichtert die Herstellung von langwelligen Lichtemittern.

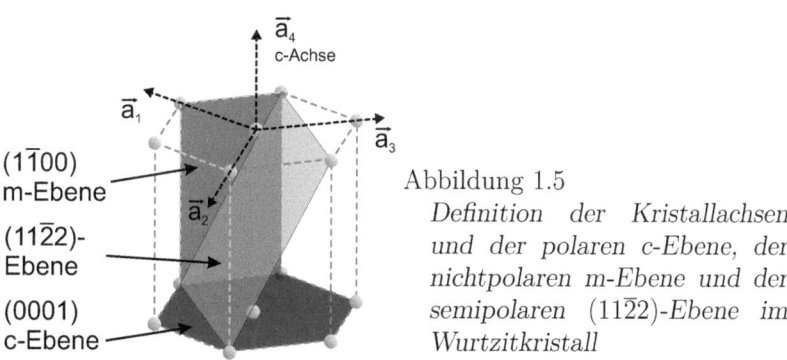

Abbildung 1.5
Definition der Kristallachsen und der polaren c-Ebene, der nichtpolaren m-Ebene und der semipolaren (11$\bar{2}$2)-Ebene im Wurtzitkristall

In der Literatur finden sich unterschiedliche Modelle zur Berechnung der internen Polarisationsfelder in nitridbasierten Heterostrukturen.

Kapitel 1. Einführung in die Nitrid-Halbleiter

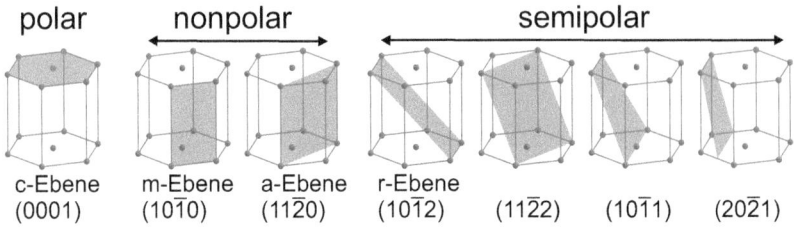

Abbildung 1.6
Übersicht über typische semipolare und nichtpolare Kristallebenen

Eine Übersicht wird bei Feneberg et al. [56] gegeben, an der sich auch der folgende Abschnitt orientiert. Die Größe und das Vorzeichen der verwendeten Parameter, insbesondere des e_{15}-Wertes ist hoch umstritten und bestimmt, ob die Differenz der Piezofelder bei einem Kristallwinkel α von weniger als 90° einen Nulldurchgang hat.

Die Entstehung der Polarisationsfelder beruht darauf, dass die Wurtzitstruktur keine Inversionssymmetrie besitzt und eine ausgezeichnete Richtung, die sogenannte c-Achse, vorliegt. Die Beiträge der spontanen und der piezoelektrischen Polarisation zum gesamten internen Polarisationsfeld in nitridbasierten Lichtemittern sollen nun im Detail erläutert werden.

1.4.1 Spontane Polarisation

Die Bindungskonfiguration in der Wurtzitstruktur ist tetraedrisch, wobei die Gruppe-III-Elemente Aluminium, Gallium und Indium deutlich geringere Elektronegativitäten als das Stickstoffatom haben. Die Werte liegen bei 1,61 / 1,81 / 1,78 für Al / Ga / In und bei 3,04 für N [57]. Dadurch ist die Bindung nicht kovalent, sondern deutlich ionisch. Dies alleine würde jedoch bei einer perfekten sp^3-Hybridisierung noch keine effektive Polarisation hervorrufen. Im Falle einer idealen tetraedrischen Bindung mit der Bindungslänge b würde für die Gitterkonstanten c und a sowie für das c/a-Verhältnis gelten:

1.4. Polarisationsfelder

$$c = \frac{8}{3}b \quad a = 2b\sqrt{\frac{2}{3}} \quad c/a = 2\sqrt{\frac{2}{3}} \approx 1,633 \quad (1.3)$$

Wie in Tabelle 1.1 gezeigt ist, weicht das c/a-Verhältnis insbesondere für AlN und InN relativ stark von diesem Idealwert ab. Die Folge ist, dass die Bindung parallel zur c-Achse eine andere Länge hat als die anderen drei Bindungen, wodurch es zu einer Ladungsverschiebung entlang der c-Achse kommt (siehe auch Abbildung 1.7). Dies macht sich auch in der Bandstruktur durch die Aufhebung der Entartung am Γ-Punkt bemerkbar (siehe Kapitel 4.1.1).

Die Polarisationskoeffizienten p^{sp} beschreiben diesen Effekt quantitativ für die binären Verbindungen GaN, InN und AlN (Siehe Tabelle 1.1). Das spontane Polarisationsfeld $\vec{P}^{sp}$ in einem Quantenfilm wird mit

$$\vec{P}^{sp} = \frac{\Delta p^{sp}}{\epsilon_0 \epsilon_r} \vec{e}_z \quad (1.4)$$

berechnet. Dabei sind ϵ_0 und ϵ_r die Vakuum- und die Materialdielektrizitätskonstante und $\vec{e}_z$ ist der Einheitsvektor in z-Richtung, die hier parallel zur +c-Achse liegt. In einem ternären System wie beispielsweise InGaN muss p^{sp} aus den binären Werten interpoliert werden. Nur die Differenz der Polarisationskoeffizienten zwischen Barriere und Quantenfilm trägt zum Polarisationsfeld bei: $\Delta p^{sp} = p^{sp}_{QW} - p^{sp}_{Barr}$. Die typischen Werte von InGaN-Quantenfilmen mit GaN-Barrieren liegen im Bereich von $100\,\text{kVcm}^{-1}$ und sind damit um etwa eine Größenordnung kleiner als die durch piezoelektrische Polarisation hervorgerufenen Felder. Bei AlGaN-GaN-Grenzflächen, wie sie beispielsweise an der Elektronenbarriere (EBL) in LEDs auftreten, ist das spontane Polarisationsfeld dagegen deutlich größer (siehe Tabelle 1.1). Dies ist insbesondere für im UV emittierende Laser und LEDs relevant.

1.4.2 Piezoelektrische Polarisation

Piezoelektrische Felder entstehen zusätzlich zu den stets vorhandenen spontanen Polarisationsfeldern durch mechanische Verspannung. Wie aus Abbildung 1.2 hervorgeht, ist die Gitterkonstante von InN und somit auch die von ternärem InGaN deutlich größer als die von reinem GaN. Somit ist ein pseudomorph gewachsener InGaN-Quantenfilm zwischen GaN-Barrieren kompressiv verspannt. Die hybridisierte Tetraederbindung wird verzerrt, die idealerweise gleichen Bindungslängen und -winkel weichen vom unverspannten Fall ab und die Ladungstrennung verstärkt sich (siehe Abbildung 1.7). Dies wird durch den elastischen Verzerrungstensor (elastic strain tensor) ϵ_{ij} ausgedrückt, der sich im Falle des Wachstums auf der c-Ebene direkt aus dem Unterschied der Gitterkonstanten ergibt. Für semipolare und nichtpolare Ebenen wird die Betrachtung deutlich komplexer, da dann zusätzlich zum Einfluss des Kristallwinkels α auch eine Verzerrung der Kristalleinheitszelle auftreten kann [58]. Gleichzeitig ändert sich die Größe der Gitterfehlanpassung und die daraus resultierende elastische Verspannung.

Die Verknüpfung mit dem piezoelektrischen Feld $\vec{P}^{pz}$ erfolgt über den piezoelektrischen Tensor $\mathbf{e}$:

$$\vec{P}^{pz} = \mathbf{e}\epsilon_{ij} = \begin{pmatrix} 0 & 0 & 0 & 0 & e_{15} & 0 \\ 0 & 0 & 0 & e_{15} & 0 & 0 \\ e_{31} & e_{31} & e_{33} & 0 & 0 & 0 \end{pmatrix} \begin{pmatrix} \epsilon_{xx} \\ \epsilon_{yy} \\ \epsilon_{zz} \\ \epsilon_{yz} \\ \epsilon_{xz} \\ \epsilon_{xy} \end{pmatrix} = \begin{pmatrix} e_{15}\epsilon_{xz} \\ e_{15}\epsilon_{yz} \\ e_{31}(\epsilon_{xx} + \epsilon_{yy}) + e_{33}\epsilon_{zz} \end{pmatrix}$$
(1.5)

Auf der Grundlage der winkelabhängigen Verspannungstensoren und des piezoelektrischen Tensors kann nun das Gesamtpolarisationsfeld $\vec{P}$ errechnet werden. Dieses wird vom piezoelektrischen Anteil $\vec{P}^{pz}$

1.4. Polarisationsfelder

dominiert und erreicht für c-planare Proben Werte im Bereich von $1-2\,\mathrm{MVcm^{-1}}$. An jeder Grenzfläche, also insbesondere an Heterostrukturübergängen, entsteht durch die lokale Änderung des Polarisationsfeldes ΔP eine Flächenladungsträgerdichte q

$$q = -\mathbf{n} \cdot \mathbf{\Delta P} \qquad (1.6)$$

wobei $\mathbf{n}$ der Normalenvektor auf die Wachstumsebene ist. Im Betrieb kann diese Ladungsdichte durch Ladungsträgerinjektion teilweise abgeschirmt (gescreent) werden, wobei jedoch insbesondere bei polaren Proben die typischen Stromdichten nicht ausreichen, um eine vollständige Kompensation des quantum confined Stark effect zu erzielen [14].

Während die experimentellen und theoretischen Werte für e_{31} und e_{33} größenordnungsmäßig bekannt sind und insbesondere ihr Vorzeichen unumstritten ist, gibt es über den Wert von e_{15} unterschiedliche Meinungen. Werte zwischen -0,40 und +0,33 werden in einer Übersicht von Feneberg et al. [56] berichtet. Romanov et al. [58] verwendet einen negativen Wert für e_{15}. Der Verlauf des Polarisationsfeldunterschieds in Wachstumsrichtung für eine InGaN-Schicht auf GaN ist für verschiedene Indiumgehalte in Abbildung 1.7 gezeigt. Nach dieser Berechnung sollte die Polarisationsfeldstärke bei einem Winkel α von $\approx 45°$ einen Nulldurchgang aufweisen. Oberhalb dieses Winkels ist die Richtung des Feldes invertiert. Dieses Verhalten kann nur für Parametersätze mit negativen Werten für e_{15} beobachtet werden.

Die Frage, ob es eine Umkehr des Polarisationsfelds oberhalb eines Kristallwinkels $\alpha < 90°$ gibt ist auch deshalb interessant, weil bei einem Bauelement mit pn-Übergang durch das eingebaute Potential V_{bi} ein zusätzliches Feld entsteht, das parallel zum Polarisationsfeld polarer Proben orientiert ist. Bei einer Feldumkehr würden sich beide Felder kompensieren, was die Leistungsfähigkeit des Bauelements erheblich steigern könnte. Zur Bestimmung des tatsächlichen Wertes von e_{15} ist die experimentelle Bestimmung der Felder für verschiedene Kristallwinkel nötig.

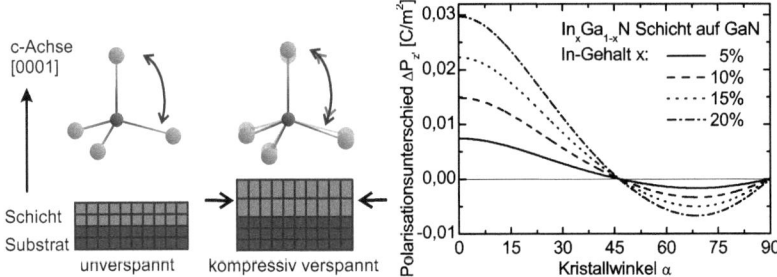

Abbildung 1.7
    Links: Verspanntes Wachstum (z.B. InGaN auf GaN) führt zu einer Veränderung der tetraedrischen Bindungswinkel.
    Rechts: Polarisationsfeldunterschied ΔP_z für InGaN-Schichten mit 5-20 % Indiumgehalt als Funktion des Kristallwinkels α. [58]

1.5 Epitaktisches Wachstum von Halbleiterstrukturen

Da alle in dieser Arbeit untersuchten und prozessierten Proben durch metallorganische Gasphasenepitaxie (MOVPE) gewachsen wurden, wird an dieser Stelle nur diese Methode kurz erklärt. Bei der metallorganischen Gasphasenepitaxie befindet sich der zu überwachsene Wafer in einem geschlossenen, meist unter Unterdruck stehenden Reaktor und wird durch den Suszeptor geheizt (Abbildung 1.8). Je nach Design des Reaktors werden die Ausgangsstoffe (precursor) für die Epitaxie von der Seite oder von oben zum Wafer geleitet. Im Falle der Nitride verwendet man üblicherweise Trimethylgallium (TMGa), Triethylgallium (TEGa), Trimethylindium (TMIn) und Trimethylaluminium (TMAl) als Gruppe-III-Precursor und Ammoniak (NH_3) für den

1.5. Epitaktisches Wachstum von Halbleiterstrukturen

Stickstoff. Als Trägergase werden Wasserstoff oder Stickstoff verwendet. Die Ausgangsstoffe zerlegen sich oberhalb des erhitzten Substrats und können sich dann unter Abspaltung ihrer organischen Gruppen in den Kristall einbauen. Die Wachstumsrate, das Verhältnis von Einbau zu Desorption und das Mischungsverhältnis beispielsweise zwischen Indium und Gallium wird durch die Parameter Druck, Temperatur, III/V-Verhältnis und die Partialdrücke und Flüsse der einzelnen Ausgangsstoffe und somit das Mischungsverhältnis in der Gasphase beeinflusst. Die genauen Abläufe sind in weiterführenden Arbeiten über die metallorganische Gasphasenepitaxie zu finden [59] und sollen hier nicht diskutiert werden.

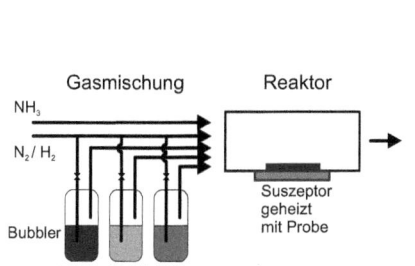

Abbildung 1.8
Schematischer Aufbau eines horizontalen MOVPE-Reaktors. Links befindet sich das Gaskabinett, in dem die Drücke und Flüsse der Precursor eingestellt werden. Rechts ist der Reaktor mit dem beheizten Suszeptor und dem darauf liegenden Substrat gezeigt.

Betrachtet man die Entwicklung der Ausgangsleistung und der Wellenlänge von Laserdioden, so kann man schließen, dass mit zunehmendem Indiumanteil die Realisierung von leistungsfähigen Lichtemittern immer schwieriger wird. Der Grund hierfür ist neben dem mit zunehmender Wellenlänge stärker werdenden QCSE die Tatsache, dass der Einbau von hohen molaren Indiumanteilen in die aktive Zone zu starken Fluktuationen im Indiumgehalt führt. Ein Anzeichen für diese ist die zunehmende Linienbreite der Emissionsspektren von Emittern mit hohem Indiumanteil, die sowohl in Elektrolumineszenz- (EL) wie auch in Photolumineszenzmessungen (PL) zu beobachten sind. Ein Beispiel ist in Abbildung 1.9 zu sehen.

Kapitel 1. Einführung in die Nitrid-Halbleiter

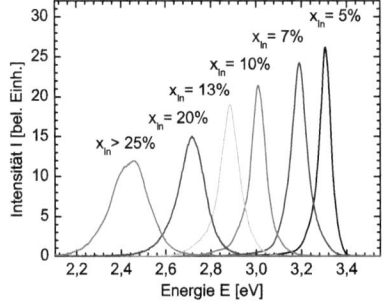

Abbildung 1.9
Zunehmende Linienverbreiterung mit höherer Wellenlänge von c-plane InGaN-LEDs bedingt durch zunehmende Indiumfluktuationen. M. Kneissl und [19]

Ein generelles Problem beim Wachstum von Heterostrukturen ist darüber hinaus die unterschiedliche thermische Ausdehnung (siehe Tabelle 1.1) der binären Verbindungen. Bei typischen Wachstumstemperaturen von 600 bis 1200°C entsteht beim Abkühlen der Proben auf Raumtemperatur nach der Epitaxie eine zusätzliche Verspannung zwischen den Schichten und zum Substrat, die sich in einer Krümmung des Wafers zeigt und die zur Bildung von Rissen (cracks) führen kann.

1.6 Design von LEDs und Lasern

1.6.1 Vertikales Design

Leuchtdioden bestehen üblicherweise aus einer mit Donatoren (meist Silizium) dotierten n-GaN-Schicht, die auf einer sogenannten Pufferschicht (buffer) aufgewachsen wird. Darauf folgt die aktive Zone, die aus Barrieren und einem oder mehreren Quantenfilmen besteht. Die Quantenfilme haben dabei einen höheren Indiumgehalt als die Barrieren, was zu einer kleineren Bandlücke und somit einem Einschluss der Ladungsträger in den Quantenfilmen führt. Nitride bilden einen Typ-I-Heteroübergang. Das bedeutet, die Differenz der Bandlücken zwischen InGaN und GaN ist zwischen Valenz- und Leitungsband aufgeteilt, wobei das Verhältnis umstritten ist und zwischen 50:50 und 20:80 liegt

1.6. Design von LEDs und Lasern

(Abbildung 1.10). Für einen Quantenfilm bedeutet dies, dass sowohl Löcher als auch Elektronen eingeschlossen werden. Auf die Quantenfilme folgt die Elektronenbarriere (electron blocking layer, EBL) aus AlGaN, die stark p-dotiert sein muss. Die Aufgabe des EBL ist es, die Elektronen daran zu hindern, in das p-Gebiet zu gelangen. Elektronen haben eine deutlich höhere Beweglichkeit als Löcher und würden ohne EBL bis weit in das p-Gebiet diffundieren und dort mit den Löchern rekombinieren, ohne dass es zu strahlender Rekombination in der aktiven Zone kommt. Der AlGaN-EBL hat eine größere Bandlücke als das GaN, wodurch er eine Potentialbarriere für Ladungsträger darstellt. Durch die p-Dotierung des EBL wird das gesamte Band im EBL gegenüber dem undotierten GaN oder AlGaN zu höheren Energien verschoben, so dass die Stufe zwischen GaN und p-AlGaN im Valenzband (VB) kleiner und im Leitungsband (LB) größer wird. Somit werden Löcher nicht oder wenig blockiert, während Elektronen an der Diffusion in das p-Gebiet gehindert werden können. Auf den EBL folgt dann eine üblicherweise mit Magnesium dotierte p-GaN-Schicht.

Die Quantenfilme sind so dünn, dass die vertikale Ausdehnung d_{QW} in der Größenordnung der De-Broglie-Wellenlänge λ_B der Ladungsträger im Halbleiter ist, $d_{QW} \approx \lambda_B = h/p$, wobei h das Planck'sche Wirkungsquantum und p der relativistische Impuls des Teilchens ist. Die Folge hiervon ist eine Quantisierung der möglichen Energiezustände sowie eine Änderung der Zustandsdichte $D(E)$. Während $D(E)$ im Volumenkristall einen wurzelförmigen Verlauf hat ($D(E) \sim \sqrt{E - E_g}$), ist in einem Quantenfilm eine stufenförmige Zustandsdichte zu beobachten. Dies führt zu einer hohen Anzahl von Zuständen nahe der Bandkante und somit zu einer Reduktion der für eine Besetzungsinversion nötigen elektrischen Pumpströme. Somit sinkt die Schwellstromdichte eines Quantenfilmlasers gegenüber einem Doppelheterostrukturlaser ohne Quantisierung.

Kapitel 1. Einführung in die Nitrid-Halbleiter

In nitridbasierten Lasern sind die Quantenfilme im Allgemeinen deutlich schmaler als bei Arsenidlasern, da durch einen schmalen Quantenfilm die durch den QCSE bedingte örtliche Trennung von Elektron- und Lochaufenthaltswahrscheinlichkeiten begrenzt werden kann. Um trotzdem ein hinreichend großes aktives Volumen zu erzielen, werden Vielfachquantenfilme (multiple quantum wells, MQW) verwendet, die durch schmale Barrieren voneinander getrennt sind und deren Quantenzustände miteinander koppeln können.

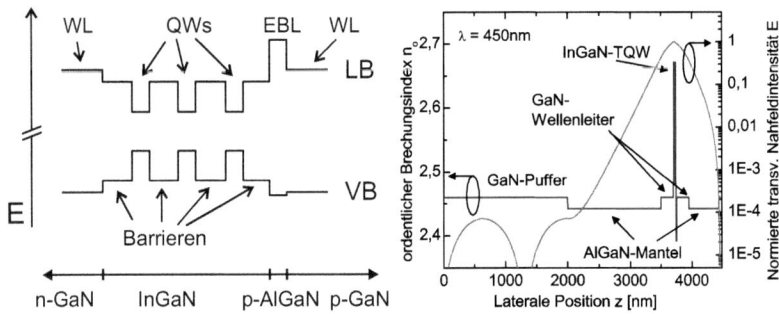

Abbildung 1.10
Links: Bandstruktur der aktiven Zone einer LED mit dreifachem Quantenfilm (QW), InGaN-Barrieren und p-AlGaN-EBL.
Rechts: Brechungsindex und elektrische Nahfeldverteilung eines typisches Laserdiodendesigns mit einem dreifachen InGaN-Quantenfilm (TQW), GaN-Wellenleiter (WL) und $Al_{0,06}Ga_{0,94}N$-Mantelschichten, berechnet für 450 nm Wellenlänge.

Bei Laserdioden verwendet man das Design des separaten Confinements, (SCH, separate confinement heterostructure). Hierbei werden die Ladungsträger wie im Fall der LED durch nur wenige Nanometer dünne InGaN-Quantenfilme lokalisiert. Die Wellenführung der optischen Mode geschieht durch einen Wellenleiter (WL) aus AlGaN/GaN (siehe Abbildung 1.10). Dieser muss mindestens so breit wie die halbe Wellenlänge im Medium, also $d_{min} = \lambda/2n_r$ mit dem Brechungsindex n_r, sein. Dazu befinden sich ober- und unterhalb des p- und n-GaNs eine p-AlGaN und n-AlGaN Mantelschicht. Da insbesondere die p-

Dotierung von AlGaN mit hohem Aluminiumgehalt durch die zunehmende Akzeptorbindungsenergie schwierig ist [60, 61], verwendet man teilweise Übergitter (short period super lattice, SPSL), die aus vielen Perioden weniger Nanometer dünner GaN/AlGaN-Schichten bestehen [62].

Um eine ausreichende Modenführung zu garantieren, bei der das Maximum der optischen Mode im Bereich der aktiven Zone liegt und somit der confinement-Faktor Γ so groß wie möglich ist, muss der Kontrast zwischen Wellenleiter und Mantelschicht möglichst groß sein (siehe Abschnitt 1.3). Ist dies nicht der Fall, so können weitere Moden, so genannte Substratmoden, geführt werden, was zu einem zusätzlichen Wellenleiterverlust führt. Das Brechungsindexprofil und die daraus resultierende elektrische Feldverteilung eines Lasers mit einem dreifachen Quantenfilm ist in Abbildung 1.10 gezeigt.

1.6.2 Laterales Design

Während sich das vertikale Design eines optoelektronischen Bauelements aus der epitaktischen Struktur ergibt, wird die laterale Bauform durch die Prozessierung definiert. Hierzu verwendet man üblicherweise photolithographische Verfahren in Verbindung mit Plasmaätz- und Metallisierungsschritten. Bei der elektrischen Kontaktierung unterscheidet man bei Nitrid-LEDs und -lasern zwischen Bauelementen mit Vorder- und Rückseitenkontakten. Da bei der Epitaxiestruktur die p-Seite stets oben ist, weil sich sonst das Magnesium in höhere Schichten verschleppen würde, ist auch der p-Kontakt auf der Oberseite angebracht. Bei Verwendung von quasi-bulk-Substraten kann der n-Kontakt großflächig auf der Waferrückseite aufgebracht werden, da das GaN durch die stets vorhandene Hintergrunddotierung leitend ist und durch die große Kontaktfläche negative Effekte wie ein zu hoher Kontaktwiderstand und eine ungleichmäßige Stromverteilung (current crowding) verhindert werden. Auch ist die Prozessierung einfacher.

Verwendet man dagegen nichtleitende Substrate wie beispielsweise Saphir, so muss auch der n-Kontakt auf der Vorderseite aufgebracht werden. Dazu müssen zunächst das p-GaN und die aktive Zone teilweise entfernt werden, was einen Plasmaätzschritt nötig macht.

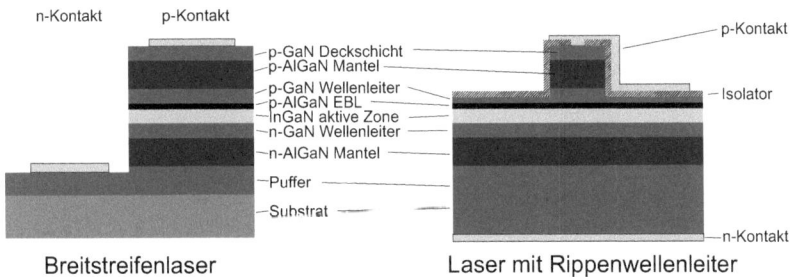

Abbildung 1.11
Design einer Laserstruktur mit AlGaN-Mantelschichten, GaN-Wellenleiter, aktiver InGaN-Zone und Elektronen-Barriere EBL.
Links: Breitstreifenlaser mit Vorderseitenkontakten auf Fremdsubstrat
Rechts: Rippenwellenleiter mit Rückseitenkontakt auf GaN-Substrat

Für Laserstrukturen unterscheidet man verschiedene Designs, wobei die Beschränkung der Strominjektionszone und der laterale Einschluss der optischen Mode die Hauptrolle spielen. Die einfachste Laserform, die im Design und in der Prozessierung der LED sehr ähnlich ist und vorzugsweise für Teststrukturen verwendet wird, ist der Breitstreifenlaser (BA, broad area). Bei diesem gibt es keine laterale Modenführung und die Breite der Strominjektion wird durch die Breite des p-Kontaktes bestimmt.

Bei üblichen Schwellstromdichten von $5\text{-}10\,\text{kAcm}^{-2}$ (Abbildung 1.1) ergeben sich bei den vergleichsweise großen Flächen von Breitstreifenlasern (einige hundert Mikrometer Länge, typische Streifenbreite 10 - 40μm) hohe Ströme im Ampèrebereich. Diese sind für einen Dauerstrichbetrieb aufgrund der Erwärmung de Bauelements zu hoch.

1.6. Design von LEDs und Lasern

Um den Strompfad weiter einzuschränken, ätzt man einen stegförmigen sogenannten Rippenwellenleiter (ridge waveguide, RW) in die Epitaxiestruktur. Der Strom wird von oben durch einen schmalen Streifen in den Steg injiziert. Um eine leichte Kontaktierung des Bauelements mit Drähten zu erlauben und gleichzeitig sicherzustellen, dass der Strom nur von oben in den Steg fließt, verwendet man eine zusätzliche Isolatorschicht, in die eine schmale Öffnung geätzt wird. Ein Vorteil dieses Designs ist die Möglichkeit, sehr große metallisierte Flächen für die Kontaktierung zu verwenden, die zusätzlich der Wärmeabfuhr dienen. Auch die optische Mode kann durch den Rippenwellenleiter geführt werden, was den Überlapp zwischen laseraktivem gepumptem Medium und Mode stark verbessert. Da der Steg nur wenige Mikrometer breit ist, liegen die Betriebsströme solcher RW-Laser im Bereich von einhundert Milliampère und können somit auch im Dauerstrichbetrieb laufen.

Der Steg kann je nach Anwendung unterschiedlich tief geätzt werden: Endet die Ätzung wie in Bild 1.11 oberhalb des EBL, so ist eine Beschädigung der aktiven Zone durch den Ätzvorgang ausgeschlossen. Allerdings sind in diesem Fall die Strompfadbegrenzung und die Modenführung nicht optimal. Dies kann verbessert werden, indem man durch die aktive Zone hindurch ätzt, wodurch jedoch Schäden am Rand der aktiven Zone entstehen, die zu parasitären Strömen und nichtstrahlender Rekombination von Ladungsträgern führen. Darüber hinaus führt das Ätzen in den Wellenleiter zur Entstehung von optischen Verlusten durch Streuung am aufgerauten Steg, wobei dieser Effekt mit der Ätztiefe zunimmt.

Der Vorteil eines möglichst schmalen Stegs ist ein homogenes optisches Nahfeld, das im Idealfall nur eine laterale Mode enthält und somit die höchste Strahlqualität bietet. Da dies jedoch das aktive Laservolumen limitiert, ist die Ausgangsleistung beschränkt. Um größere Leistungen ohne Verringerung der Strahlqualität zu generieren, verwendet man Mehrsektionenlaser mit Trapezverstärkern, die das Signal des Rippenwellenlasers unter Beibehaltung der Strahlparameter verstärken und auf eine größere Fläche verteilen. Diese werden auch als MOPA (master oscillator power amplifier) bezeichnet [63].

1.7 Aktueller Stand der Laserbauelemente

Durch kontinuierliche Verbesserungen im Design sowie in der epitaktischen Wachstumsprozedur wurde es möglich, sowohl die Wellenlänge als auch die optische Ausgangsleistung von InGaN-basierten Laserdioden drastisch zu erhöhen. Mittlerweile sind blaue Laser mit mehr als einem Watt optischer Ausgangsleistung und 1,8 W/A differentieller Quanteneffizienz realisiert [10]. Sony hat ein Lasersystem bestehend aus einem Picosekundenlaser und einem optischen Halbleiterverstärker demonstriert, mit dem Pulsleistungen im Bereich von 100 Watt bei 404 nm möglich sind [64]. Ebenfalls von Sony wurde im Jahr 2006 ein Laserprojektionssystem vorgestellt, das auf InGaN-Laserdioden basiert [65]. Diese Laserdioden werden praktisch ausschließlich auf c-plane quasi-bulk Substraten mit niedriger Defektdichte gewachsen.

Auch im Bereich größerer Wellenlängen sind in den vergangenen Jahren erhebliche Fortschritte erzielt worden. Laserdioden mit 531 nm Emissionswellenlänge wurden demonstriert, wobei in diesem spektralen Bereich die Kristallorientierung eine große Rolle spielt. Die Firmen Nichia und Osram haben sich auf die polare c-Ebene konzentriert und konnten grüne Laser mit 515 nm im Pulsbetrieb [16] und im Dauerstrichbetrieb bei bis zu 8 mW demonstrieren [15]. Der aktuelle Rekord auf der c-Ebene wurde von Osram mit einer Wellenlänge von 524 nm und 50 mW Dauerstrichleistung erzielt [28]. Dagegen haben sich andere Gruppen auf die semipolaren und nichtpolaren Ebenen konzentriert. Auf der nichtpolaren m-Ebene wurden blau-grüne Laser mit 500 nm Wellenlänge gezeigt [21]. Die erst seit kurzem verwendete semipolare $(20\bar{2}1)$-Ebene dagegen hat sich als sehr vorteilhaft für Laser mit hohem Indiumgehalt erwiesen. Auf diesen Substraten konnten Laser mit 531 nm im Pulsbetrieb [18] bzw. 525 nm im Dauerstrichbetrieb [66] sowie mit 520 nm und 60 mW Dauerstrichleistung [67] demonstriert werden. Die Ausgangsleistung und der differentielle Wirkungsgrad liegen jedoch aufgrund der Schwierigkeiten beim Einbau von hohen molaren Indiumanteilen in die aktive Zone hinter den Werten von blauen und violetten Lasern.

Obwohl in den vergangenen Jahren enorme Fortschritte bei der Entwicklung blauer und grüner Laserdioden im Bereich der Wellenlänge, Ausgangsleistung und Lebensdauer erzielt wurden, sind die physikalischen Zusammenhänge und Mechanismen zum Teil noch unverstanden. Im Bereich der Metall-Halbleiterkontakte wird oft phänomenologisch vorgegangen und eine Vorgehensweise gewählt, die zu akzeptablen Ergebnissen führt. Auch bei der Herstellung von Laserspiegeln wird die Technologie der c-plane-Bauelemente oft einfach auf die semipolaren Laser übertragen, ohne die Besonderheiten der semipolaren Kristalle zu berücksichtigen. Auch beim Design des semipolaren Lasers wurde lange Zeit der Resonator in die Kristallrichtung gelegt, in der experimentell der höchste Gewinn ermittelt wurde. Der Zusammenhang zwischen Verspannung, Bandstruktur, Doppelbrechung und anisotropem Gewinn wurde jedoch nicht eingehend analysiert. Im Bereich der Polarisationsfelder gibt es ebenfalls offene Fragen, die untersucht werden müssen, um ein tieferes Verständnis für die Physik der semipolaren Lichtemitter zu erreichen. Somit ist trotz des großen Fortschritts bei der Entwicklung von III-Nitrid-Lichtemittern ein großer Bedarf an Untersuchungen und Beschreibungen der physikalischen Besonderheiten semipolarer Laser vorhanden. Diese Arbeit widmet sich einem Teil dieser Fragestellungen und beleuchtet Aspekte semipolaren und nichtpolaren Lichtemitter, die bisher unbeantwortet waren.

Kapitel 1. Einführung in die Nitrid-Halbleiter

2 Technologie zur Herstellung semipolarer Bauelemente

In diesem Kapitel werden zunächst allgemeine Aspekte behandelt, die für die Herstellung optoelektronischer Halbleiterbauelemente relevant sind. Dazu zählt insbesondere die Prozessierung, bei der aus dem epitaktisch gewachsenen Wafermaterial ein strukturiertes, mit Metallkontakten versehenes Bauelement hergestellt wird. Die Prozessierungsschritte sind essentieller Bestandteil der Untersuchung von physikalischen Aspekten der III-Nitridhalbleiter. Die prozessierten LEDs werden in den folgenden Kapiteln eingehend untersucht und Fragestellungen zur optischen Polarisation, Elektrolumineszenzeigenschaften und den internen Polarisationsfeldern werden betrachtet.

Im ersten Abschnitt wird ein Überblick über die für die Prozessierung notwendigen Schritte gegeben und es wird auf Besonderheiten bei der Prozessierung von sehr kleinen Proben, wie sie typischerweise bei bulk-GaN-Substraten vorliegen, eingegangen.

Der zweite Abschnitt behandelt physikalische Mechanismen bei der Bildung von Metall-Halbleiterkontakten und gibt eine Übersicht über Methoden zur Verringerung des Kontaktwiderstands. Darüber hinaus werden Besonderheiten von Kontakten auf semipolarem p-GaN untersucht.

Im letzten Abschnitt werden die für Laserdioden wichtigen Laserspiegel untersucht. Neben der Berechnung der nötigen Facettensteilheit werden verschiedene Verfahren analysiert, mit denen Laserfacetten für

Laser auf polaren, semipolaren und nichtpolaren Orientierungen hergestellt werden können.

2.1 Prozessierung von Halbleiterbauelementen

Unter dem Begriff „Prozessierung" versteht man alle Bearbeitungsschritte, die nötig sind, um aus einer epitaktisch gewachsenen Struktur ein funktionsfähiges Bauelement zu fertigen. Man unterscheidet zwischen „Frontend" und „Backend", wobei ersteres die Bearbeitung des Wafers durch Ätzen, Metallisieren und ähnliche Schritte beschreibt, während letzteres Schritte wie die Vereinzelung, das Aufkleben oder Löten, das Kontaktieren mit Drähten und die Facettenbeschichtung umfasst. Im Weiteren wird hier nur das Frontend beschrieben. In diesem Abschnitt sollen die dabei wichtigen Schritte erläutert werden, wobei insbesondere die Schwierigkeiten bei der Prozessierung von sehr kleinen semipolaren und nichtpolaren bulk-GaN-Proben diskutiert werden. Weitergehende Untersuchungen einzelner Prozessschritte wie die Herstellung ohmscher p-Kontakte sowie das Herstellen von Laserspiegeln durch trockenchemisches Ätzen werden in den folgenden Abschnitten vertieft.

2.1.1 Prozessablauf

Die wesentlichen Schritte bei der Herstellung einer LED- oder Breitstreifenlaserstruktur mit Frontkontakten sind in Abbildung 2.1 gezeigt. Details zu den einzelnen notwendigen Bearbeitungsschritten (beispielsweise Lithographie) sind in den folgenden Abschnitten erläutert.

2.1. Prozessierung von Halbleiterbauelementen

In einem ersten Schritt wird ein dünner p-Kontakt auf die Probe aufgebracht. Nachdem dieser thermisch formiert wurde, wird eine dickere Verstärkungsmetallisierung aufgebracht, die den lateralen Stromfluss verbessert und die spätere Kontaktierung mit Drähten erlaubt. Dann wird mit einem Plasmaätzschritt die n-Seite freigelegt und es wird gegebenenfalls ein Rippenwellenleiter erzeugt. Im letzten Schritt wird dann die n-Kontaktmetallisierung aufgetragen.

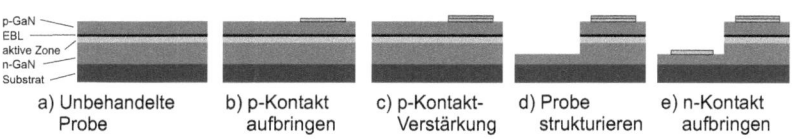

Abbildung 2.1
Typischer Prozessablauf für LEDs mit Vorderseitenkontakten

2.1.2 Photolithographie

Lithographische Verfahren sind der Kernpunkt aller Prozessschritte, bei denen eine laterale Strukturierung des Wafers vorgenommen wird. Bei der hier verwendeten Photolithographie mit Kontaktbelichtung wird zunächst ein lichtempfindlicher Photolack auf den schnell rotierenden Wafer aufgebracht (gespinnt), wobei die Dicke des Lackes durch dessen Viskosität sowie die Umdrehungsgeschwindigkeit bestimmt werden. Der Lack wird dann auf einer Heizplatte (Hotplate) gebacken, um Stickstoff auszutreiben und die Oberfläche leicht anzutrocknen. Dadurch wird verhindert, dass die Maske an der Lackschicht kleben bleibt.

Nach einer Wartezeit, in der der Lack Feuchtigkeit aus der Luft aufnimmt (rehydriert), wird die Photomaske auf dem belackten Wafer platziert und ausgerichtet. Auf der Maske befindet sich die Struktur als Schattenmaske, die durch Beleuchtung mit UV-Licht in den Lack übertragen wird (Abbildung 2.2b). Meist wird hier Licht einer

Kapitel 2. Technologie zur Herstellung semipolarer Bauelemente

Quecksilberdampflampe mit einer Wellenlänge von 365 nm (i-Linie) oder 405 nm (h-Linie) verwendet, wobei die Auflösung nach Formel 1.1 mit abnehmender Wellenlänge steigt. Nach dem Belichten wird der Lack entwickelt, wobei Teile des Lacks entfernt werden. Man unterscheidet Positiv- und Negativlacke. Während bei ersteren die belichteten Stellen im Lack entfernt werden und somit ein positives Abbild der Maske zurück bleibt, wird bei einem Negativlack der unbelichtete Lack abgetragen, was zu einer Kontrastumkehr führt (Abbildung 2.2c und d).

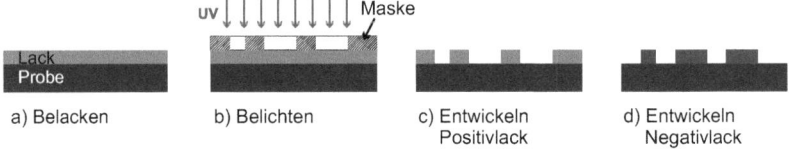

Abbildung 2.2
Prozessschritte einer Lithographie mit Positiv- (c) und Negativlack (d)

2.1.3 Erzeugung von ohmschen Metallkontakten

Einer der wichtigsten Prozessschritte bei der Herstellung von optoelektronischen Bauelementen ist die elektrische Kontaktierung. Um Injektionslaser und LEDs zu fertigen, müssen ohmsche Kontakte sowohl zu p-dotiertem wie auch zu n-dotiertem GaN (kurz p- und n-Kontakte) hergestellt werden. Die Details dieses komplexen Vorgangs, insbesondere Verfahren zur Reduktion des spezifischen Kontaktwiderstandes ρ_c, werden in Kapitel 2.2 näher diskutiert.

Bevor ein Metallkontakt auf einen Halbleiter aufgebracht werden kann, muss die Halbleiteroberfläche zunächst gereinigt und von einer meist vorhandenen Oxidschicht befreit werden. Hierzu verwendet man aggressive Säuren oder Laugen, um die chemisch stabilen Oberflächenoxide zu entfernen (siehe Abschnitt 2.2.5).

2.1. Prozessierung von Halbleiterbauelementen

Das Aufbringen des Metalls geschieht üblicherweise durch Verdampfen aus einem Tiegel. Dies kann thermisch durch Beheizen des ganzen Tiegels oder durch Elektronenstrahlverdampfen geschehen. Bei letzterem Verfahren wird das Metall nur in einem kleinen Bereich durch einen Elektronenstrahl stark erhitzt, wodurch auch Metalle mit hohem Siedepunkt und geringem Dampfdruck verdampft werden können. Eine weitere Möglichkeit, Metalle aufzubringen, besteht im so genannten Sputtern. Dabei wird eine Metallprobe, das Target, einem Ionenbeschuss (beispielsweise durch Argonionen) ausgesetzt, wodurch Metallatome aus der Oberfläche geschlagen werden, die sich auf der Waferoberfläche absetzen.

Es gibt zwei grundsätzliche Verfahren zur Strukturierung des Metalls (siehe Abbildung 2.3). Eines ist das so genannte Lift-Off-Verfahren, für das Negativlacke eingesetzt werden. Dabei wird auf den Wafer und die Lackstruktur eine Metallschicht aufgebracht. Der belichtete Bereich ist frei von Lack, so dass hier das Metall den Wafer bedeckt, während im unbelichteten Bereich der verbliebene Lack unter dem Metall liegt. Beim „Liften" hebt sich der Lack ab und nimmt das Metall mit, so dass ein positives Abbild der Maske zurück bleibt. Um ein problemloses Abheben des Lacks und der darüber liegenden Metallschicht zu gewährleisten, darf es keine Verbindung zwischen den Metallschichten auf dem Halbleiter und auf dem Lack geben, da sonst das Lösungsmittel den Lack nicht auflösen kann oder abgelöste Metallschichten weitere Metallflächen mitreißen könnten. Um dies zu erreichen, werden bei einem Negativlack die Belichtungs- und Entwicklungsparameter so angepasst, dass ein Unterschnitt im Lackprofil entsteht. Dieser verhindert, dass sich das Metall als geschlossene Schicht auf die Waferoberfläche legt. Der Vorteil dabei ist die große Kantentreue des Prozesses und die Tatsache, dass die Waferoberfläche nicht angegriffen wird. Der Nachteil ist, dass die bereits gereinigte und geätzte Waferoberfläche vor dem Bedampfen mit dem organischen

Kapitel 2. Technologie zur Herstellung semipolarer Bauelemente

Lack kontaminiert wird, was zur Erhöhung des Kontaktwiderstands führen kann.

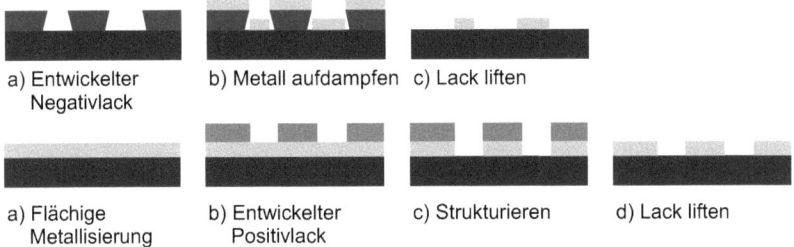

Abbildung 2.3
Strukturierung des Metallkontakts durch Lift-Off- (oben) und Sputterverfahren (unten)

Diesen Nachteil kann man umgehen, indem das Metall unmittelbar nach der Oxidätzung ganzflächig auf den Wafer aufgebracht wird. Hierdurch wird auch eine erneute Oxidation der Oberfläche verhindert. Anschließend wird ein stabiler Positivlack aufgebracht und strukturiert. Nun wird durch ein geeignetes Verfahren das nicht durch den Lack geschützte Metall wieder abgetragen. Dies kann durch Wegsputtern mit Argonionen oder beispielsweise durch nasschemisches Ätzen des Metalls geschehen. Während Sputtern zu einer hervorragenden Kantentreue führt, kann es beim nasschemischen Ätzen zu einer Unterätzung des Lacks und somit einer Verkleinerung der Kontaktstrukturen und ausgefransten Rändern kommen. Dies kann passieren, wenn sich der Lack an den Kanten ablöst und somit die Säure unter den Lack kriechen kann. Dem kann mit einem Backen des Lacks nach dem Entwickeln entgegen gewirkt werden. Der größte Nachteil des Sputterns ist, dass nicht nur das Metall, sondern auch der darunter liegende Halbleiter mit entfernt wird. Dieser Abtrag des Wafers kann größer werden als die abgetragene Metalldicke. Der Hauptnachteil des nasschemischen Ätzens ist neben der möglichen Unterätzung die Tatsache, dass die Ätzchemikalie für jede Kontaktmetallisierung gesondert angepasst werden muss. Insbesondere bei Schichten aus mehreren Me-

2.1. Prozessierung von Halbleiterbauelementen

tallen kann der unterschiedliche Ätzangriff dazu führen, dass kein geeigneter Nassätzprozess existiert.

In dieser Arbeit wurden folgende Metallisierungen und Strukturierungen verwendet:

- p-Kontakte aus Palladium (Pd): Nasschemische Strukturierung mit Königswasser
- p-Kontakte aus Nickel und Gold (NiAu): Strukturierung mittels Argon-Sputtern
- p-Kontakte aus Palladium (Pd), Nickel und Gold (NiAu) oder Palladium / Silber / Gold (PdAgAu): Strukturierung mittels Lift-Off
- n-Kontakte aus Titan/Aluminium/Titan/Gold (TiAlTiAu), Titan/Aluminium/Molybdän/Gold (TiAlMoAu) oder Nickel und Gold (NiAu): Lift-Off

Den Abschluss der Kontaktherstellung bildet die Formierung. Dabei wird die Probe in einer geeigneten Atmosphäre auf mehrere hundert Grad Celsius erhitzt, wobei es zur Bildung von Legierungen, zur Diffusion von Atomen aus dem Halbleiter in das Metall und zur Bildung von Verbindungen wie beispielsweise Nickeloxid kommt. Die Details der Formierung werden im Abschnitt 2.2.6 untersucht.

2.1.4 Strukturierung durch Trockenätzen

Bei der Herstellung von Rippenwellenleiterlasern (Ridge waveguide laser, RW) wird ein schmaler Steg hergestellt. Bei Bauelementen auf isolierenden Substraten (z.B. Saphir) muss ein Teil der oben liegenden p-Schicht abgetragen werden, um die darunter liegende n-Schicht zu kontaktieren. Die typischen Querschnitte solcher Strukturen sind in Abbildung 1.11 und 2.1 gezeigt. Zum Strukturieren von Nitridhalbleitern verwendet man Plasmaätzverfahren, die auch als Trockenätzen bezeichnet werden. Dabei wird ein chemisch aktives Gas, beispielsweise Chlor (Cl_2) oder eine darauf basierende Verbindung wie Bortrichlorid (BCl_3) verwendet. Durch die Ionisation des Gases wird die Reaktivität erheblich erhöht.

Als Maske kann eine Lackmaske, eine Metallmaske oder eine so genannte Hartmaske, beispielsweise ebenfalls durch Trockenätzen strukturiertes Siliziumnitrid (SiN) oder Siliziumdioxid (SiO_2), verwendet werden. Lackmasken sind üblicherweise nicht stabil genug, um den hohen Temperaturen und dem aggressiven Ätzangriff des Chlors zu widerstehen, weshalb in dieser Arbeit fast ausschließlich Siliziumnitridmasken zur Anwendung kamen. Diese können mit Fluor (F_2) oder Fluorverbindungen wie beispielsweise Trifluormethan (CHF_3), Tetrafluormethan (CF_4) oder Schwefelhexafluorid (SF_6) trockenchemisch geätzt werden, wobei wiederum eine Lackmaske verwendet wird. Dies ist möglich, da Lacke gegenüber Fluorverbindungen eine höhere Stabilität aufweisen als gegenüber Chlor.

Eine detaillierte Beschreibung der verwendeten Prozessfolge sowie eine nähere Beschreibung der Plasmaätzsysteme ist in Kapitel 2.3 im Unterabschnitt 2.3.4 zu finden.

2.1.5 Prozessierung kleiner Proben

Die in dieser Arbeit teilweise verwendeten semipolaren und nichtpolaren bulk-GaN-Substrate sind aufgrund des Produktionsverfahrens sehr klein mit typischen Abmessungen von $(5 \times 15)\,mm^2$ (siehe Kapitel 1.3.2). Dies führt zu zahlreichen Schwierigkeiten bei der Prozessierung: Das Handling, also das Halten, Transportieren und Manipulieren des Wafers mit einer Pinzette führt zu einer Reduktion der nutzbaren Fläche, da ein Teil des Lacks entfernt werden muss oder beschädigt wird. Auch bei anderen Schritten wie zum Beispiel der Metallisierung muss die Probe durch Festklemmen gehaltert werden, wodurch ein

2.1. Prozessierung von Halbleiterbauelementen

Teil der Waferoberfläche verdeckt wird. Schließlich entsteht durch die Fliehkräfte beim Aufschleudern des Lacks ein Lackwall am Rand des Wafers, der deutlich dicker als der übrige Lack ist und somit keine verwertbare Strukturierung zulässt. Nimmt man 1 mm Lackwallbreite an, so bedeutet das im schlimmsten Fall eine Verringerung der nutzbaren Fläche um bis zu 50%. Durch gezielte Randentlackung kann der Lackwall zwar verkleinert werde, jedoch ist eine Prozessierung ohne Randeffekte nicht möglich.

Um diesen Problemen zu begegnen, kann man die Wafer auf Fremdsubstraten aufkleben (Mounting), wodurch das Handling wesentlich vereinfacht wird (Abbildung 2.4 links und Mitte). Als Trägerwafer können preiswerte Materialien verwendet werden, wobei darauf zu achten ist, dass die Prozessierung nicht durch den Träger behindert werden darf. Aus diesem Grund eignet sich aufgrund der Wärmeleitfähigkeit Silizium besser als Träger als Saphir oder Glas.

Bei der Wahl des Mountingmaterials muss berücksichtigt werden, dass die Probe problemlos wieder ablösbar sein muss und der Prozess durch die chemischen Eigenschaften oder Ablösungen und daraus folgende Kontamination nicht gestört wird. Ein häufig verwendetes Material ist Benzocyclobuten (BCB). Dieses wird durch Erhitzen auf 115°C stabilisiert (getempert). Oberhalb von 300°C wird das BCB hart (cured) und ist dann nicht mehr ablösbar. Zur Entfernung des getemperten BCBs wird NMP (N-Methyl-2-pyrrolidon, C_5H_9NO) oder Mesitylen (1,3,5-Trimethylbenzen) verwendet. Der Vorteil von BCB ist, dass es nach dem Tempern widerstandsfähig gegen Entwickler und Lösungsmittel wie Isopropylalkohol und Aceton ist, so dass die Probe sich nicht während Entwicklungs- oder Reinigungsprozessen ablöst. Nachteilig ist die Tatsache, dass sich BCB bei Plasmaprozessen oder aggressiven Ätzungen teilweise ablösen und so zu einer Kontamination der Oberfläche führen kann. Außerdem besteht die Gefahr, dass durch hohe Temperaturen, wie sie beim Plasmaätzen auftreten können, das

BCB gecured wird und sich die Probe in der Folge nicht mehr lösen lässt. Um dies zu verhindern, wurde die Plasmaätzung im Intervallmodus mit Ätzpausen durchgeführt. Für das thermische Aktivieren der p-Metallkontakte muss die Probe in jedem Fall abgelöst und anschließend wieder aufgeklebt werden.

Um diese Probleme zu umgehen, wurde für das Mounten kleiner Proben ein Verfahren entwickelt, das Photolack als Kleber verwendet. Dabei wird ein möglichst dicker Lack auf das Substrat aufgespinnt. Wie oben beschrieben, gast der Lack bei Erwärmung stark aus, was die Gefahr der Probenablösung durch Blasenbildung unterhalb des aufgeklebten Wafers birgt (siehe Abbildung 2.4 rechts). Um das Ausgasen zu ermöglichen, ohne dass die Oberfläche des Lacks austrocknet und so seine Klebkraft einbüßt, wurden Versuche zum Ausbacken (softbake) in evakuierten oder mit Stickstoff gefluteten Temperöfen unternommen. Auch Vor- und Flutbelichtung des Lacks wurden untersucht. Es zeigte sich jedoch, dass die Verwendung eines unbelichteten Lacks ohne Softbake bei hinreichender Dicke des Kleblacks die besten Ergebnisse lieferten. Um ein Ablösen der Probe während des Entwickelns zu verhindern, werden unterschiedliche Lacksorten (Positiv- / Negativlack) für das Aufkleben und die Strukturierung verwendet. Der Vorteil des Verfahrens ist, dass die Probe stets leicht ablösbar ist und keine zusätzlichen Chemikalien in den Prozess eingebracht werden. Nachteilig ist, dass der Klebelack nicht lösemittelresistent ist und sich die Probe somit bei jedem Lösen des Strukturierungslacks ablöst, was ein Wiederaufkleben für die nächste Lithographie erfordert. Da bei dem hier verwendeten Prozessablauf stets ein Wechsel zwischen Positiv- und Negativlack stattfindet und die Probe darüber hinaus beim Plasmaätzen und Tempern ohne Träger vorliegt, ist dies nicht unbedingt ein Nachteil. Durch das vermehrte Handling der Probe selbst wird jedoch das Risiko eines Waferbruchs erhöht.

2.1. Prozessierung von Halbleiterbauelementen

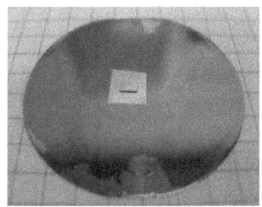 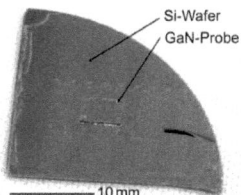 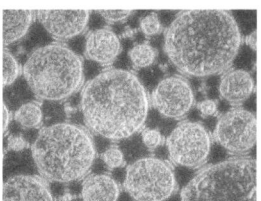

Abbildung 2.4
Links und Mitte: Gemountete nichtpolare GaN-Probe auf einem Siliziumwafer,
Rechts: Blasenbildung im Negativ-Klebelack durch Ausgasen unterhalb der Probe

Ein weiteres, manchmal verwendetes Verfahren zum Aufkleben von Proben auf Trägern ist das Löten mit niedrig schmelzenden Metallen wie Gallium, Indium oder Zinn- und Bleilegierungen. Da diese jedoch zu erheblichen Kontaminationen der Probe und der verwendeten Anlagen führen können, wurden sie hier nicht untersucht.

2.2 Herstellung elektrischer Kontakte

In diesem Abschnitt wird näher auf die Besonderheiten der Prozessierung von Metall-Halbleiterkontakten bei semipolaren Proben eingegangen. Bei den im Abschnitt 2.1 beschriebenen Prozessschritten für die Herstellung von LEDs und Laserdioden bedarf die Herstellung von Ohm'schen Kontakten besonderer Aufmerksamkeit, da diese von essentieller Bedeutung für die Leistungsfähigkeit des Bauelements sind. Dies wird schnell deutlich, wenn man die nötigen spezifischen Kontaktwiderstände ρ_c für eine Laserdiode berechnet: Hat ein (nicht optimaler) Laser eine Schwellstromdichte von $10\,\mathrm{kAcm^{-2}}$, so ist für einen Spannungsabfall von weniger als einem Volt am Kontakt ein Kontaktwiderstand $\rho_c \leq 10^{-4}\,\Omega\mathrm{cm}^2$ nötig.

Zunächst sollen hier die Theorie des Metall-Halbleiterübergangs betrachtet und die wichtigsten Parameter erörtert werden. Im Anschluss werden verschiedene Verfahren und Materialsysteme auf ihre Eignung zur Erzeugung von Kontakten mit geringen spezifischen Kontaktwiderständen untersucht.

2.2.1 Der Metall-Halbleiterübergang

Bringt man einen Halbleiter mit einem Metall in Kontakt, so fließen Ladungsträger vom Metall in den Halbleiter, bis sich die Ferminiveaus E_F angeglichen haben. Es entsteht eine Verarmungszone der Breite w und eine Barriere ϕ_B, deren Höhe von Materialparametern des Metalls und des Halbleiters abhängen (siehe Bild 2.1). Es gilt:

$$\begin{aligned} q\phi_B &= q\left(\phi_m - \chi_s\right) & n-Halbleiter \\ &= E_g - q\left(\phi_m - \chi_s\right) & p-Halbleiter \end{aligned} \quad (2.1)$$

2.2. Herstellung elektrischer Kontakte

Hierbei sind ϕ_m und ϕ_s die Austrittsarbeiten im Metall und im Halbleiter und χ_s ist die Elektronenaffinität im Halbleiter. Im Fall von p-dotierten Halbleitermaterialien muss noch die Bandlücke E_g berücksichtigt werden. Die Breite der Verarmungszone $w(V)$ berechnet sich analog zum Fall der pn- bzw. pin-Diode (siehe 6.2), ist jedoch bedeutend einfacher, da nur die Dotierung im Halbleiter (hier: p-Halbleiter) berücksichtigt werden muss und kein intrinsischer Bereich existiert:

$$w(V) = \sqrt{\frac{q\epsilon_r\epsilon_0}{N_A}(V_{bi} - V)} \qquad (2.2)$$

Hierbei ist V_{bi} das eingebaute (innere) Potential des Metall-Halbleiterübergangs (built-in-potential), N_A ist die Akzeptorkonzentration und ϵ_0 und ϵ_r sind Vakuumdielektrizität sowie die Materialdielektrizität.

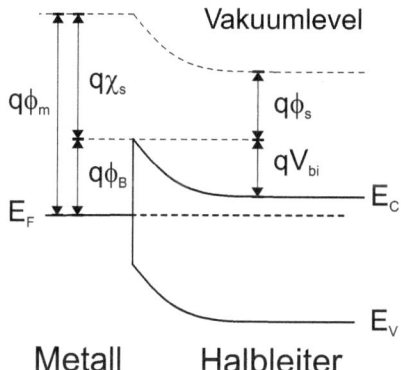

Abbildung 2.5
Prinzipbild der Bänder bei einem Metall-Halbleiterübergang mit der Barrierenhöhe ϕ_B, der Elektronenaffinität χ_s, dem eingebauten Potential V_{bi} und den Austrittsarbeiten ϕ_m und ϕ_s des Metalls und des n-Halbleiters.

Es gibt zwei grundlegend verschiedene Ladungsträgertransportmechanismen am Metall-Halbleiterkontakt. Bei der thermionischen Emission müssen die Ladungsträger die Barriere ϕ_B durch thermische Anregung überwinden, so dass die Barriere für einen ohmschen Kontakt deutlich kleiner als die thermische Energie kT (etwa 26 meV bei Raumtemperatur) sein muss. Beim Tunnelkontakt dagegen können die Ladungsträger die Barriere durchtunneln, was voraussetzt, dass diese sehr dünn ist. Die Breite der Verarmungszone w beeinflusst exponentiell die Tunnelwahrscheinlichkeit.

Um im Fall des thermionischen Ladungstransports einen ohmschen Kontakt mit geringem spezifischen Kontaktwiderstand ρ_c herzustellen, muss die Barrierenhöhe ϕ_B möglichst verschwinden. Im Fall von n-GaN bedeutet dies, dass die Austrittsarbeit ϕ_m des Metalls genauso hoch sein muss wie die Elektronenaffinität χ_s von n-GaN, nämlich etwa 4,1 eV [68]. Dies lässt sich relativ einfach mit Metallen wie Titan (ϕ_m=4,33 eV) und Aluminium (ϕ_m=4,28 eV) erreichen [69].

Die übliche Kombination für n-Kontakte auf GaN ist ein Ti/Al-Schichtsystem. Da Aluminium an Sauerstoff eloxieren würde, wird darauf noch eine Goldschicht aufgebracht, die üblicherweise vergleichsweise dick ausfällt, um die Kontaktierung der Probe mit Nadeln oder Bonddrähten ohne Zerstörung der unteren dünnen Metallschichten zu gewährleisten. In der Praxis wird unter der Goldschicht noch ein Haftvermittler aufgedampft. In den hier durchgeführten Experimenten ist dies entweder Titan oder Molybdän, so dass die vollständige Schichtfolge Ti/Al/Ti/Au oder Ti/Al/Mo/Au ist.

Die Erzeugung von ohmschen p-Kontakten auf GaN ist bedeutend schwieriger, da kein Metall mit einer Austrittsarbeit in der nötigen Größenordnung von 7,2 eV existiert. Die am häufigsten verwendeten Materialien sind Platin (5,65 eV), Palladium (5,12 eV) und Nickel-Gold (Ni: 5,15 eV), wobei im letzten Fall unter Sauerstoffatmosphäre das Nickel zum p-Halbleiter Nickeloxid oxidiert wird [69, 70]. Auch Silber mit einer Austrittsarbeit von 4,26 eV [69] wird verwendet.

Die experimentell gefundenen Schottkybarrieren von Metallkontakten auf p-GaN weichen vom erwarteten Verhalten ab. Aus Gleichung 2.1 würde man für p-GaN für die oben genannten Metalle mit rund 5 bis 5,5 eV Austrittsarbeit eine verbleibende Schottkybarriere ϕ_B von etwa 2 eV erwarten. Tatsächlich wurden jedoch Werte von 0,5 bis 0,65 eV für die Metalle Platin, Nickel, Gold und Titan gefunden, wobei die Barrierenhöhe nur schwach von der Austrittsarbeit des Metalls abhängt [71]. In einer anderen Arbeit von Wu et al. wurde eine größere Abhängigkeit der Barrierenhöhe von der Austrittsarbeit der untersuchten Metalle auf p-GaN und n-GaN gefunden, jedoch gibt es auch hier Abweichungen vom idealen Verhalten [72].

Um den Unterschied zwischen den experimentellen gefundenen Ergebnissen und der oben genannten Theorie zu erklären, muss beachtet werden, dass die in Formel 2.1 angegebene Barrierenhöhe einen idealen Wert angibt. Es gibt jedoch weitere Einflüsse, die die tatsächliche Barrierenhöhe modifizieren: An der Grenzfläche eines Halbleiters ist die Bindungskonfiguration gegenüber dem Volumenhalbleiter (bulk) verändert. Es können sich an Morphologiestörungen und Stufen sowie durch Rekonstruktion der Oberfläche oder Kontamination und Oxidation zusätzliche Oberflächenzustände bilden. Diese können in der Bandlücke des Volumenhalbleiters liegen und das Ferminiveau „pinnen". Das bedeutet, dass die Fermienergie unabhängig von der Fermiverteilung im ungestörten Volumen bei der Energie des Oberflächenzustands liegt. Die Folge ist eine Modifikation der Elektronenaffinität und der Austrittsarbeit, so dass die Barrierenhöhe verändert wird und nicht mehr abhängig vom Kontaktmetall ist.

2.2.2 Einfluss der Dotierung des Halbleiters

Die Dotierung des Halbleiters spielt, wie oben bereits diskutiert, für die Erzeugung von Kontakten mit geringem spezifischen Kontaktwiderstand eine große Rolle. Eine hohe erzielbare Ladungsträgerkonzentration ist insbesondere bei p-GaN wichtig, da hier kein Metall mit einer ausreichend großen Austrittsarbeit für einen ohmschen Kontakt verfügbar ist und somit ein Tunnelkontakt mit geringer Dicke der Verarmungszone w benötigt wird. Da diese nach Gleichung

2.2 mit zunehmender Dotierkonzentration N_A (genauer: Ladungsträgerkonzentration) abnimmt, werden hohe Dotierlevel insbesondere an der Oberfläche des Halbleiters benötigt. Für die n-Dotierung benutzt man üblicherweise Silizium, wodurch sich hohe Elektronendichten erzielen lassen. Die p-Dotierung ist aufgrund der großen Aktivierungsenergie der verfügbaren Akzeptoren erheblich schwieriger. Das üblicherweise verwendete Magnesium hat eine Aktivierungsenergie von rund 250 meV, so dass bei Raumtemperatur nur ein Bruchteil der Magnesiumatome auch Löcher ins Valenzband abgeben können [73].

Cruz et al. haben mittels SIMS (Sekundär-Ionen-Massen-Spektroskopie) den Einfluss der Kristallorientierung auf den Einbau des Akzeptors Magnesium untersucht [74]. Dabei wurden die Proben bei verschiedenen Drücken, Flüssen und Temperaturen jeweils gleichzeitig gewachsen. Es wurde festgestellt, dass der Magnesiumeinbau auf der (0001)-Ebene am höchsten ist, gefolgt von (10$\bar{1}$1), (10$\bar{1}\bar{1}$), (10$\bar{1}$0), (11$\bar{2}$0), (11$\bar{2}\bar{2}$) und (11$\bar{2}$2). Dabei kommt es insbesondere bei der (11$\bar{2}$2)-Ebene zu einer erheblichen Verschleppung des Magnesiums und damit zu einer Verrundung im Dotierprofil, die beispielsweise für Silizium nicht beobachtet wurde. Dies kann jedoch auch durch eine höhere Rauigkeit der semipolaren Oberfläche beeinflusst sein. Je nach Wachstumstemperatur liegt zwischen der (0001)- und der (11$\bar{2}$2)-Orientierung ein Faktor 5 bis 8, so dass bei der p-Dotierung der hier häufig verwendeten (11$\bar{2}$2)-Orientierung mit erheblichen Schwierigkeiten gerechnet werden muss.

Da sowohl experimentelle Untersuchungen als auch theoretische Betrachtungen zeigen, dass für p-GaN die Schottkybarriere nicht durch Wahl des Kontaktmetalls eliminiert werden kann, müssen für die Herstellung hocheffizienter optoelektronischer Bauelemente andere Methoden zur Verringerung des Kontaktwiderstandes gefunden werden. Eine Möglichkeit besteht in der Modifikation der epitaktischen

2.2. Herstellung elektrischer Kontakte

Schichtstruktur. So kann durch eine hohe Dotierung der obersten Halbleiterschicht (p^{++}-cap-Schicht) die Verarmungszone w so schmal gemacht werden, dass Ladungsträger in der Lage sind, sie zu durchtunneln. Dies setzt allerdings eine effiziente p-Dotierung voraus, die durch die relativ hohe Aktivierungsenergie der Mg-Akzeptoren (rund 200-250 meV in GaN [73]) schwierig zu erreichen ist (siehe auch Abschnitt 1.6). Es wurde gezeigt, dass mithilfe dünner hochdotierter Deckschichten auf p-GaN spezifische Kontaktwiderstände von $10^{-6} - 10^{-5}\,\Omega\text{cm}^2$ erreichbar sind [75]. Dabei muss beachtet werden, dass eine zu niedrige Magnesiumkonzentration ein Durchtunneln der Barriere aufgrund der Breite erschwert, während zu hohe Konzentrationen zu Defekten und einem Verlust der p-Leitung führen.

Eine weitere Methode zur Reduktion des Kontaktwiderstandes durch das epitaktische Design ist die Verwendung von InGaN-Deckschichten. Nach Formel 2.1 führt dies aufgrund der kleineren Bandlücke auch zu einer reduzierten Barrierenhöhe. Allerdings ist die p-Dotierung von InGaN anspruchsvoller als die von reinem GaN.

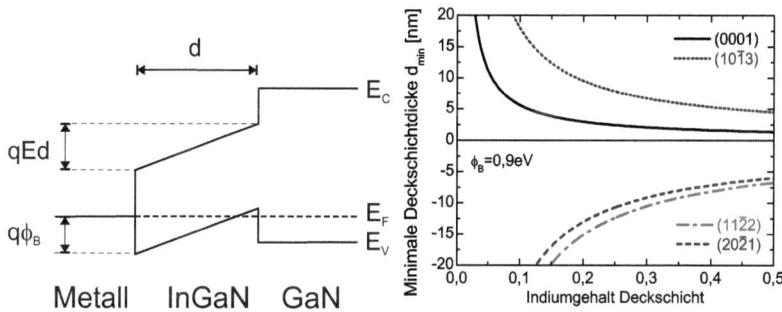

Abbildung 2.6
Links: Bandstruktur einer InGaN-cap-Schicht auf c-plane-p-GaN nach [76].
Rechts: Berechnete Mindestcapdicke d_{min} für ein 2DHG auf verschiedenen Kristallorientierungen.

Einen zusätzlichen positiven Effekt einer InGaN-Schicht kann das Polarisationsfeld erzeugen. Durch die Bandverzerrung kann nahe der

Halbleiteroberfläche am InGaN-GaN-Übergang ein zweidimensionales Lochgas (Two-dimensional hole gas, 2DHG) erzeugt werden. Das Ferminiveau E_F liegt hier lokal innerhalb des Valenzbandes, so dass eine sehr hohe Löcherkonzentration vorliegt, die die Breite der Verarmungszone drastisch reduziert (siehe Abbildung 2.6). Gessmann et al. haben die minimale Deckschichtdicke d_{min} berechnet, um für eine gegebene Indiumkonzentration eine Bandverbiegung zu erzeugen, die ein 2DHG hervorruft [76, 77]. Im Folgenden ist diese Berechnung erweitert auf semipolare und nichtpolare Orientierungen, wobei die Polarisationsfeldstärke für die jeweilige Orientierung nach dem Modell von Romanov et al. [58] bestimmt wurde.

d_{min} ist erreicht, wenn die Bandverbiegung durch das Polarisationsfeld größer als die verbleibende Barrierenhöhe ϕ_B ist, $E_{tot} d \geq \phi_B$. Dabei ist E_{tot} das gesamte elektrische Feld, das aus dem Polarisationsfeld E_{pol} und dem durch das 2DHG selbst verursachten Feld besteht. Letzteres ist bei Einsetzen des 2DHG null, so dass näherungsweise gilt [76]:

$$d_{min} = -\frac{\phi_B - E_0/q}{E_{tot}} \approx -\frac{\phi_B}{E_{tot}} \approx -\frac{\phi_B}{E_{pol}} \qquad (2.3)$$

Das Polarisationsfeld E_{pol} der Deckschicht wird durch die Differenz der spontanen Polarisationsfelder P^{sp} von Deckschicht und Probe (hier buffer genannt) und des Piezofeldes der Capschicht bestimmt:

$$E_{pol} = \frac{1}{\epsilon_0 \epsilon_{cap}} \left(-P_{cap}^{pz} - P_{cap}^{sp} + P_{buff}^{sp} \right) \qquad (2.4)$$

ϵ_0 und ϵ_{cap} sind die Dielektrizitätskonstanten des Vakuums und der Deckschicht.

Wie man in Abbildung 2.6 sieht, muss die InGaN-Schicht auf (0001) c-plane GaN bei 20% Indiumgehalt und $\phi_B = 0,9\,\text{eV}$ weniger als 5 nm dick sein. Zur Erzeugung eines 2DHG auf semipolaren Schichten wie der $(10\bar{1}3)$-Ebene müsste die Schicht wegen des reduzierten Polari-

2.2. Herstellung elektrischer Kontakte

sationsfeldes mehr als zehn Nanometer dick sein, so dass ein Durchtunneln nicht mehr möglich ist. Für Kristallwinkel α oberhalb des Nulldurchgangs (siehe Kapitel 1.4) ist die Feldrichtung invertiert, so dass die Bandkante in Abbildung 2.6 nach oben geneigt ist und somit keine Kreuzung des Ferminiveaus und folglich kein 2DHG existiert. Dies wird durch eine negative Länge d_{min} angezeigt. Für nichtpolare Proben ist ein Effekt aufgrund der verschwindenden Polarisationsfelder nicht vorhanden. Diese Methode ist daher für nichtpolare und semipolare Orientierungen nicht geeignet. Da es bisher in der Literatur keine detaillierte Untersuchung über die Mechanismen der Metall-Halbleiterübergänge und zu Methoden der Kontaktwiderstandsreduktion auf semipolarem p-GaN gibt, soll hier der Fokus der Untersuchungen auf der Optimierung der Prozessierung liegen. Einflüsse der Epitaxiestruktur und mögliche Verbesserungen im Wachstumsprozess sollen dagegen eine untergeordnete Rolle spielen.

2.2.3 Untersuchungsmethoden

Zur Untersuchung der Parameter der Kontakte werden hauptsächlich Strom-Spannungskennlinien und TLM-Messungen (Transfer line method, Transferlängenmethode) herangezogen. Während erstere insbesondere dazu genutzt werden, um zu beurteilen, ob die Kontakte ohmsches Verhalten zeigen, kann durch die TLM-Messungen direkt der spezifische Kontaktwiderstand bestimmt werden. Misst man den ohmschen Widerstand zwischen zwei Metall-Halbleiterkontakten, so ist der gesamte Widerstand R_{ges} die Summe aus dem Serienwiderstand R_s und je zweimal dem Kontaktwiderstand R_c und dem Widerstand im Metall R_m. Letzterer wird üblicherweise gegenüber den anderen Widerständen vernachlässigt und mit null angenommen.

Ein TLM-Messfeld besteht aus einer Reihe von rechteckigen Metallflächen, wobei der Abstand z zwischen den Flächen variiert (Abbil-

Kapitel 2. Technologie zur Herstellung semipolarer Bauelemente

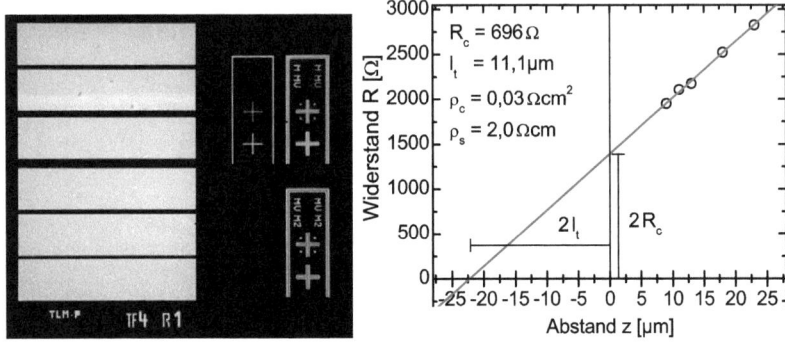

Abbildung 2.7
Links: Lithographisch erstellte TLM-Struktur mit Justagekreuzen
Rechts: Auswertung der TLM-Messung durch lineares Fitten

dung 2.7 links). Misst man nun den Gesamtwiderstand R_{ges} bei einem gegebenen Strom I zwischen den verschiedenen Kontaktpads und trägt diesen als Funktion des Abstands auf, so kann aus dem Achsenabschnitt bei $z = 0$ der doppelte Kontaktwiderstand $2R_c$ und aus der Steigung m = R_{sh}/b der Schichtwiderstand R_{sh} bestimmt werden (Abbildung 2.7 rechts) [78]. Aus der Breite b und der Länge l des Kontakts und der Dicke t der dotierten Halbleiterschicht lassen sich dann der spezifische Kontaktwiderstand ρ_c und der spezifische Serienwiderstand $\rho_s = R_{sh}t$ bestimmen:

$$R_c = \frac{\sqrt{R_{sh}\rho_c}}{b} coth\left(\frac{l}{l_t}\right) \approx \frac{\rho_c}{l_t b} \qquad (2.5)$$

Die Näherung gilt, wenn $l \geq 1,5 l_t$ ist. l_t ist dabei die Transferlänge, die ebenfalls aus der TLM Messung bestimmt werden kann. Sie gibt die Länge an, durch die effektiv Strom zwischen Halbleiter und Metall fließt (siehe Abbildung 2.8). Hintergrund ist die Tatsache, dass bei der im Querschnitt gezeigten Struktur der Strom nicht gleichmäßig auf der gesamten Breite des Kontaktes in den Halbleiter übertritt, sondern aufgrund des deutlich geringeren Serienwiderstandes im Metall hier so weit wie möglich an die Metallkante fließt und so spät wie möglich in

2.2. Herstellung elektrischer Kontakte

den Halbleiter übergehen wird. Die Breite der Übergangszone hängt vom Schicht- und Kontaktwiderstand ab:

$$l_t = \sqrt{\rho_c R_{sh}} \qquad (2.6)$$

Um zu verhindern, dass Ladungsträger einen breiteren Pfad als die Kontaktbreite b nehmen, kann durch eine Mesaätzung der Strompfad auf das Gebiet zwischen den TLM-Kontaktmetallflächen eingeschränkt werden. In dieser Arbeit wurde darauf verzichtet, da die verwendeten Abstände mit 6-20 µm klein im Vergleich zur Kontaktbreite $b = 460$ µm sind und somit die Verbreiterung zu vernachlässigen ist.

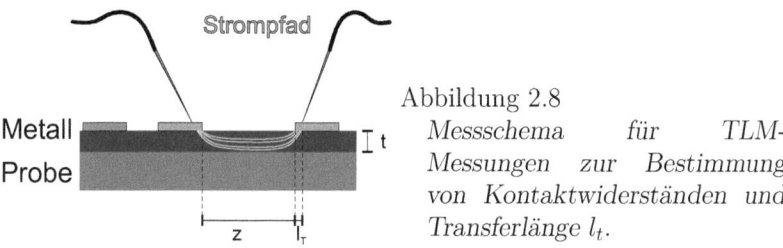

Abbildung 2.8
Messschema für TLM-Messungen zur Bestimmung von Kontaktwiderständen und Transferlänge l_t.

Die TLM-Methode ist prinzipiell nur anwendbar, wenn die Kontakte rein ohmsches Verhalten zeigen, also eine lineare Strom-Spannungskennlinie aufweisen. Bei den hier untersuchten Proben ist dies im Allgemeinen nicht der Fall, da stets ein - mehr oder weniger ausgeprägtes - Schottkyverhalten mit nichtlinearer Kennlinie zu beobachten ist. Dies führt bei der Verwendung der TLM-Methode dazu, dass die Höhe des bestimmten spezifischen Kontaktwiderstands von der für die Auswertung verwendeten Stromstärke I abhängt. Je höher der Strom und die damit verbundene Messspannung U ist, desto weiter oberhalb der Schottkybarriere liegt der Messpunkt. Die Spannung verursacht eine Bandverbiegung, wodurch der Einfluss der Barriere auf den Kontaktwiderstand kleiner wird und somit auch ρ_c sinkt. Andererseits lässt sich durch die Bestimmung von ρ_c bei verschiedenen

Strömen ein Rückschluss auf den Spannungsabfall im Betrieb bei typischen Stromdichten j eines Bauelements ziehen. Hierzu muss neben der Stromstärke I auch die effektive Fläche $A = l_t b$ des Kontakts mit in die Betrachtung gezogen werden, wobei gilt:

$$j = \frac{I}{l_t b} \quad (2.7)$$

In Abbildung 2.9 sind der spezifische Kontaktwiderstand ρ_c sowie die gemessenen Transferlänge l_t als Funktion des Messstroms I sowie als Funktion der Stromdichte j für den NiAu-p-Kontakt einer LED-Struktur auf semipolarem $(20\bar{2}1)$-GaN sowie zum Vergleich für einen nicht formierten n-Kontakt aus Ti/Al/Ti/Au auf heteroepitaktisch gewachsenem n-GaN dargestellt. Man erkennt beim p-Kontakt einen kontinuierlichen Abfall von ρ_c und l_t mit zunehmender Stromstärke. Die Ursache dafür ist die Verbiegung der Bandstruktur durch die angelegte Spannung, wodurch die Schottkybarriere leichter überwunden beziehungsweise durchtunnelt werden kann. Bei höheren Strömen wird der Spannungsabfall im Halbleiter durch den Serienwiderstand ρ_s größer, so dass eine kleinere Transferlänge l_t energetisch günstiger wird. In doppelt logarithmischer Auftragung von ρ_c über der Stromdichte j ist der Abfall ab etwa $10\,\text{Acm}^{-2}$ exponentiell. Durch Extrapolation kann auf den Kontaktwiderstand bei typischen Stromdichten von $10\,\text{kAcm}^{-2}$ eines Lasers geschlossen und somit der Spannungsabfall bei diesen Betriebsparametern abgeschätzt werden. Im Beispiel beträgt letzterer rund $3{,}3\,\text{V}$. Der n-Kontakt hat aufgrund der guten Anpassung zwischen Austrittsarbeit und Elektronenaffinität selbst im unformierten Zustand keine Schottkybarriere, so dass ein konstant niedriger Wert für den spezifischen Kontaktwiderstand erreicht wird.

Neben der Stromdichteabhängigkeit von ρ_c ist auch das Verhalten des Schichtwiderstands R_{sh} und des spezifischen Serienwiderstands ρ_s zu

2.2. Herstellung elektrischer Kontakte

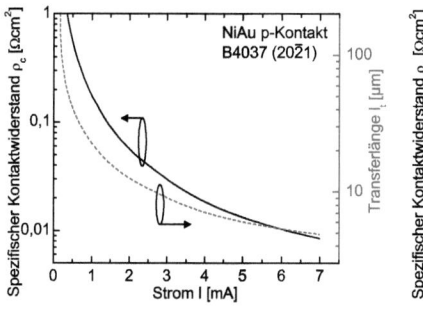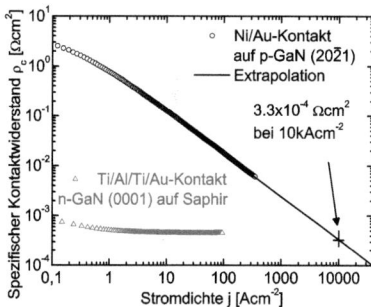

Abbildung 2.9
Links: Die gemessenen Werte für den spezifischen Kontaktwiderstand ρ_c und die Transferlänge l_t eines p-Kontaktes nehmen mit zunehmendem Strom ab.
Rechts: Extrapolation von ρ_c als Funktion der Stromdichte j erlaubt Rückschlüsse auf den Spannungsabfall beim Bauelement.

beachten. Messungen zeigten jedoch, dass die Abhängigkeit hier wesentlich kleiner ist als bei ρ_c und sich ρ_s über einen Bereich von $j = 1$ - $1000\,\text{Acm}^{-2}$ maximal um einen Faktor 1,5 ändert.

Der Serienwiderstand ρ_s ist abhängig von den Elektronen- und Löcherladungsträgerkonzentrationen n und p sowie deren Beweglichkeiten μ_p und μ_n:

$$\rho_s = \frac{1}{q\left(n\mu_n + p\mu_p\right)} \qquad (2.8)$$

Somit lassen sich aus der Messung von ρ_s Rückschlüsse auf das Dotierlevel ziehen, was wichtig für den Vergleich unterschiedlicher Probenorientierungen ist.

Bei hohen Messströmen muss beachtet werden, dass durch den Stromfluss eine Erwärmung der Probe und somit eine thermische Beeinflussung des Kontakt- und des Serienwiderstands auftreten kann. In diesem Fall müsste mit gepulsten Spannungen gearbeitet werden, um den Einfluss der Erwärmung und etwaige Verfälschungen bei der Auswertung gering zu halten. Bei den hier verwendeten Messströmen von

Kapitel 2. Technologie zur Herstellung semipolarer Bauelemente

0-10 mA stellt dies jedoch kein Problem dar, so dass alle Messungen mit zeitlich konstantem Strom (cw) durchgeführt wurden.

2.2.4 Eigenschaften der untersuchten Proben

Der Großteil der in dieser Arbeit untersuchten Kontakte wurde auf (0001) und (11$\bar{2}$2) p-GaN hergestellt und untersucht. Dieses wurde heteroepitaktisch auf Saphir gewachsen. Um vergleichbare p-GaN-Eigenschaften auf beiden Orientierungen zu gewährleisten, wurden die p-Schichten mittels Hall-Effektmessung und SIMS analysiert. Wie aus Abbildung 2.10 hervorgeht, lassen sich auch auf heteroepitaktisch gewachsenem semipolarem (11$\bar{2}$2) p-GaN akzeptable Magnesium- und Löcherkonzentrationen und gute Löcherbeweglichkeiten erzielen, wobei jedoch die Wachstumsparameter angepasst werden mussten.

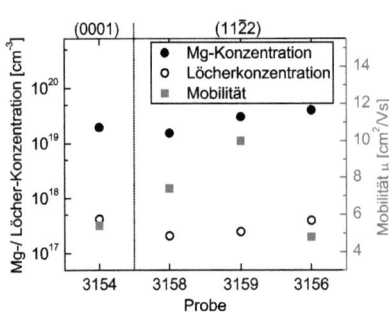

Abbildung 2.10
Die Magnesium- und Löcherkonzentration und die Mobilität in p-GaN auf polarem (0001) und semipolarem (11$\bar{2}$2) GaN sind für verschiedene Wachstumsbedingungen ähnlich. Bestimmung durch Hall- und SIMS-Messungen durch T. Wernicke

Die Untersuchung der heteroepitaktisch hergestellten p-GaN-Schichten auf Saphir mittels Rasterkraftmikroskopie zeigt, dass die Oberflächen sehr rau sind, so dass von einer erheblichen Abweichung von ideal glatten Oberflächen auszugehen ist (Abbildung 2.11). Die semipolaren (11$\bar{2}$2)-Proben zeigen erhebliche Höhenmodulationen mit mehreren hundert Nanometern Höhendifferenz und einer mittleren rms-Rauigkeit von 50 nm auf einer Fläche von $(10 \times 10)\mu m^2$, während auf der (0001)-Ebene rms-Rauigkeiten von 1,5 nm und

2.2. Herstellung elektrischer Kontakte

Höhenunterschiede bis 10 nm zu erkennen sind. Dieser große Unterschied zwischen polarem und semipolarem Material ist durch die unterschiedlichen Defektdichten auf den verschiedenen Oberflächen bedingt [43, 79, 80]. So liegt die Dichte der durchstoßenden Versetzungen (threading dislocation) mit etwa 10^{10} cm^{-2} auf semipolarem GaN auf Saphir etwa fünf mal so hoch wie bei c-plane GaN. Die Details der Wachstumsbedingungen sollen hier nicht weiter untersucht werden. Die erhöhte Rauigkeit beeinflusst die Bildung der Oxidschicht und somit auch die Barriere am Metall-Halbleiterkontakt.

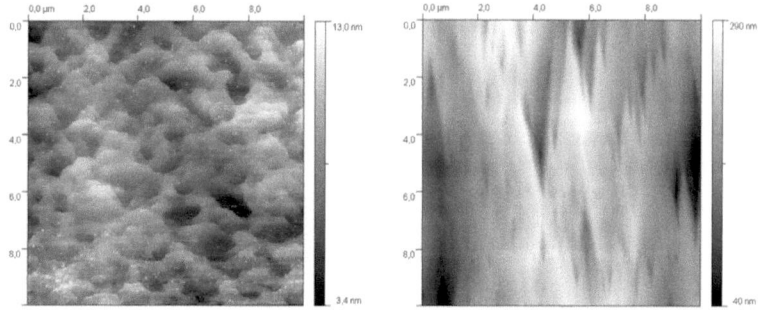

Abbildung 2.11
Die AFM-Aufnahmen der Oberfläche von heteroepitaktisch gewachsenem p-GaN auf Saphir auf der (0001) (links) und der (11$\bar{2}$2)-Orientierung (rechts) zeigen stark unterschiedliche Rauigkeiten. AFM-Bilder durch M. Stascheit

2.2.5 Oberflächenbehandlung - Oxidätzung

Die Oberfläche von III-Nitrid-Halbleitern weist üblicherweise eine Oxidschicht auf, nachdem sie an Luft gelagert wurden. Bevor nun ein Metall aufgebracht wird, sollte diese Schicht so weit wie möglich entfernt werden. Eine Oxidschicht wirkt als Barriere, die sowohl das Tunneln als auch die thermionische Emission und somit den Ladungsträgertransport über die Barriere behindert. Man kann die effektive

Kapitel 2. Technologie zur Herstellung semipolarer Bauelemente

Barrierenhöhe ϕ_B eines Metall-Halbleiterübergangs mit einer Oxidschicht der Dicke δ berechnen mit [81]:

$$q\phi_B = q\phi_{B0} + \frac{2kT}{\hbar}\left(m\chi_t\right)^{1/2}\delta \qquad (2.9)$$

Hierbei ist ϕ_{B0} die Schottkybarriere ohne Oxidschicht, χ_t ist die mittlere Tunnelbarriere für die Injektion von Löchern in die p-Schicht und m ist die effektive Tunnelmasse. Es wird berichtet, dass eine wenige Nanometer dicke Oxidschicht zu einer Erhöhung der Schottkybarriere um mehrere hundert meV führen kann. Das Vorhandensein einer Oxidschicht lässt sich nie ganz verhindern, so dass alle verwendeten Verfahren darauf abzielen, die verbleibende Schichtdicke so weit wie möglich zu reduzieren und dafür zu sorgen, dass für alle folgenden Prozessschritte eine definierte Oberfläche vorliegt.

Das Entfernen der Oxidschicht sollte unmittelbar vor der Bedampfung der Halbleiteroberfläche mit dem Kontaktmetall erfolgen. Da dies insbesondere bei Verwendung der Lift-Off-Technologie nicht ohne Weiteres möglich ist, sollte hier eine zweifache Entfernung des Oxids durchgeführt werden: Die gründliche erste Ätzung geschieht nach der Reinigung, bevor der Wafer belackt wird (siehe auch das Schema zur Prozessierung in Abbildung 2.3). Im Anschluss an die Lackentwicklung und vor dem Einbau in die Bedampfungskammer erfolgt dann eine zweite kurze Ätzung, um zwischenzeitlich entstandene Oxide sowie verbleibende Lackreste und Kohlenwasserstoffe zu entfernen. Verwendet man die Strukturierung durch Sputtern oder nasschemisches Ätzen, so ist ein Oxidätzen unmittelbar vor dem Einbau in die Metallisierungsanlage leicht zu bewerkstelligen, wobei jedoch eine erneute Oxidation während des Transfers nie ganz verhindert werden kann.

In Abbildung 2.12 sind Strom-Spannungskennlinien von Ti/Al/Ti/Au-Kontakten auf polarem (0001) n-GaN dargestellt. Die Proben wurden entweder überhaupt nicht geätzt, oder sie wurden vor, nach oder so-

2.2. Herstellung elektrischer Kontakte

wohl vor als auch nach der Lithographie mit Salzsäure HCl 37% geätzt. Die Negativlithographie für den Lift-Off-Prozess dauert typischerweise rund zwei Stunden, in denen sich neues Oxid bilden kann.

Nur die UI-Kurven des vor der Lithographie geätzten Wafers zeigen ohmsches Verhalten mit Kontaktwiderständen von $4 \times 10^{-4}\,\Omega\mathrm{cm}^2$, während alle anderen Kurven stark nichtlineares Verhalten zeigen. Im Falle der nicht geätzten Probe ist dies auf die vorhandene Oxidschicht zurückzuführen. Bei den nach der Lithographie (erneut) geätzten Proben dagegen muss die Schlussfolgerung gezogen werden, dass die Säure den Lack angegriffen und aufgelöst hat, wodurch die Oberfläche des Wafers mit Kohlenwasserstoffen verunreinigt wurde. Versuche mit einer zweiten Ätzung mit stark verdünnter Salzsäure (HCl : H$_2$O im Verhältnis 1 : 7) zeigen keine Verschlechterung der UI-Charakteristik.

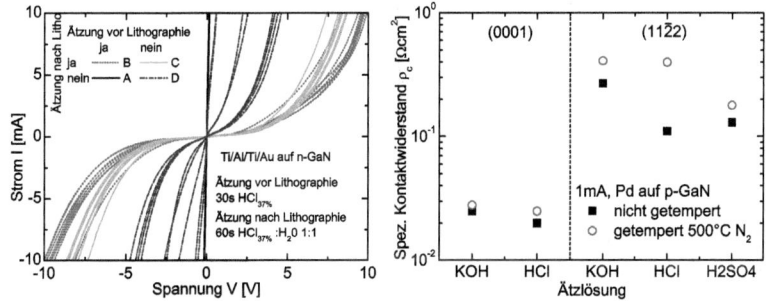

Abbildung 2.12
Links: Der Zeitpunkt der HCl-Oxidätzung beeinflusst den Spannungsverlauf von Ti/Al/Ti/Au-Kontakten auf polarem (0001) n-GaN.
Rechts: Die Art der Oxidätzung (KOH, HCl, H$_2$SO$_4$) hat nur wenig Einfluss auf die Qualität der p-Kontakte.

Um das Oxid möglichst effizient zu entfernen, ist aufgrund der hohen chemischen Stabilität von GaN und seiner Oxide die Verwendung einer aggressiven Säure oder Lauge nötig. In der Literatur werden Ätzungen mit Salzsäure (HCl), Schwefelsäure (H$_2$SO$_4$), Salpetersäure (HNO$_3$), Flusssäure (HF), Kaliumhydroxid (KOH), gepufferter Oxidätze (buf-

Kapitel 2. Technologie zur Herstellung semipolarer Bauelemente

fered oxide etch BOE, eine Mischung aus HF und Ammoniumfluorid NH_4F), oder Königswasser (aqua regia, ein Gemisch aus HCl und HNO_3 im Verhältnis 3:1) berichtet [81–86].

Neben der Entfernung des Oberflächenoxids kann durch die Oberflächenbehandlung je nach verwendeter Chemikalie zusätzlich ein definierter Zustand hergestellt werden, der das Ferminiveau beeinflusst oder eine erneute Oxidation durch Passivierung der Bindungen verhindert [83, 85, 87–89]

In den Versuchen dieser Arbeit wurden Ätzungen mit Salzsäure, Kaliumhydroxid und Schwefelsäure verglichen. Die Kontaktwiderstände auf heteroepitaktisch gewachsenem (0001) und (11$\bar{2}$2) p-GaN lagen jedoch alle bei sehr ähnlichen Werten und deutlich niedriger als die von unbehandelten Proben (siehe Abbildung 2.12). Daraus kann der Schluss gezogen werden, dass die verwendeten Ätzlösungen ähnliche Effizienzen im Entfernen von Oberflächenoxidschichten aufweisen. Ein Einfluss auf das Ferminiveau durch Passivierung der Oberfläche konnte nicht nachgewiesen werden.

Mit Salzsäure behandelte Wafer zeigen zum Teil geringfügig bessere Werte, wobei aus der Verwendung von KOH zur Erhöhung der Facettensteilheit in Kapitel 2.3.5 bekannt ist, dass KOH auch GaN abträgt. Somit kann neben der Entfernung des Oxids auch eine Vergrößerung und Aufrauung der Oberfläche auftreten, die den Kontaktwiderstand beeinflussen kann. Die Kontakte auf semipolarem GaN haben hier wiederum einen um etwa eine Größenordnung größeren spezifischen Kontaktwiderstand als die auf c-plane GaN. Die Art der Oxidentfernung hat darauf keinen Einfluss. Durch das Formieren der Kontakte in Stickstoff bei 500°C tritt entgegen der Erwartungen eine leichte Verschlechterung der Kontakte ein, der Einfluss der Ätzlösung auf die Kontakte ist jedoch vergleichbar mit nicht formierten Kontakten. Dieser Effekt wird im folgenden Abschnitt näher betrachtet.

2.2.6 p-Kontakte: Kontaktmetalle und thermische Formierung

Um die Höhe der Schottkybarriere möglichst klein zu halten, werden für den p-Kontakt auf GaN Metalle mit einer möglichst hohen Austrittsarbeit verwendet. Die am weitesten verbreiteten Materialien sind Nickel (Ni), Nickel-Gold (NiAu), Palladium (Pd), Platin (Pt) und diverse Legierungen oder Schichtungen dieser Metalle. Palladium und Nickel haben ähnliche Austrittsarbeiten von 5,12 eV und 5,15 eV [69]. Durch Formieren in Sauerstoff bildet sich aus NiAu-Schichten NiOAu, wobei das Gold in Form von Inseln im NiO-Halbleiter verteilt ist [70]. Dies kann zu sehr niedrigen spezifischen Kontaktwiderständen führen. Zu beachten ist, dass es sich bei NiO um einen p-Halbleiter mit einer temperaturabhängigen Austrittsarbeit von rund 5 eV [90] handelt. Bei der Verwendung von NiAu ist der Oxidationsprozess von großer Bedeutung. Dies wird im folgenden Abschnitt näher betrachtet. Ebenfalls untersucht wurde ein legierter Kontakt aus Silber (Ag, $\phi_m = 4{,}26$ eV) und Gold (Au, $\phi_m = 5{,}1$ eV) [69].

Bei der Wahl des Kontaktmetalls muss neben der Austrittsarbeit auch beachtet werden, wie sich diese durch die weitere Bearbeitung ändert. Der wichtigste Schritt dabei ist die thermische Formierung, die meist unmittelbar nach der Strukturierung des Metallkontaktes erfolgt. Dabei spricht man auch von „tempern" oder „annealing" (Ausheilung). Dieser Vorgang hat mehrere Ziele: Durch das kurzzeitige Erwärmen können Kontakte in die Probe einlegiert werden. Schwach gebundene Oxide und Oberflächenbeläge können durch das Ausheizen thermisch entfernt werden, und bei Verwendung von Sauerstoff als Formiergas können Kontaktmetalle oxidiert und so beispielsweise NiO-Au-Kontakte erzeugt werden. Außerdem können Galliumatome aus den obersten Halbleiterschichten ausdiffundieren, wodurch Galliumfehlstellen (Gallium vacancies) entstehen, die als Akzeptor wirken [91–

95]. Durch die Erhöhung der Löcherkonzentration unterhalb des Kontakts verringert sich die Breite der Verarmungszone und die Tunnelwahrscheinlichkeit steigt.

Um den Halbleiter nicht zu beschädigen und insbesondere die Diffusion von Magnesium oder Indium im Bauelement zu verhindern, wird die Probe schnell erwärmt und schnell wieder abgekühlt. Dazu kommen RTA-Öfen zum Einsatz (Rapid thermal annealing, schnelle thermische Ausheilung), mit denen sehr schnelle Rampen von bis zu 100 Kelvin pro Sekunde gefahren werden können. Die Heizung wird üblicherweise mittels starker Halogenlampen bewerkstelligt, da diese innerhalb von Sekunden auf Temperaturen von über 1000°C geheizt werden können. Durch geeignete Spiegel und die Form des Ofens wird das Licht und insbesondere die thermische Strahlung auf die zu formierende Probe gerichtet. Ein Suszeptor aus Silizium unterhalb der Probe dient dazu, die thermische Strahlung zu absorbieren und die Wärmeenergie durch den direkten Kontakt schnell auf die Probe zu übertragen. Dies ist insbesondere bei großteils transparenten Proben, also besonders bei GaN und Proben auf Saphir, wichtig.

Während der Formierung wird ein Formiergas in den Ofen eingelassen. Dies ist üblicherweise Stickstoff für Pd- und PdAgAu-Kontakte und Sauerstoff für NiAu-Kontakte. Die Messung der Wafertemperatur erfolgt indirekt über ein Thermoelement, welches die Temperatur des Suszeptors misst und das zuvor mit Hilfe eines Eutektikums kalibriert wurde. Durch die Variation von Parametern wie der Maximaltemperatur, der Aufheiz- und Abkühlgeschwindigkeit, der Formierungsdauer und die Art des Formiergases kann die Effizienz des Formierprozesses erheblich beeinflusst werden. Insbesondere die Maximaltemperatur und die Formierungsdauer bestimmen Prozesse wie Galliumdiffusion, Legierungsvorgänge und gegebenenfalls die Oxidation von Metallen. Die Aufheiz- und Abkühlgeschwindigkeit dagegen beeinflusst stärker den Halbleiter und hier insbesondere indiumreiche

Schichten. Die Dauer der Formierung muss lang genug sein, um den Wafer komplett auf die gewünschte Temperatur aufzuheizen, was insbesondere bei transparenten Substraten und Substraten mit schlechter Wärmeleitfähigkeit wie Saphir berücksichtigt werden muss.

Ist die Formiertemperatur zu gering oder wird die gewünschte Temperatur nur kurz erreicht, so können möglicherweise nicht alle Prozesse im gewünschten Maße ablaufen. Insbesondere legierungs- und temperaturgetriebene Diffusionsprozesse sowie die thermisch getriebene Oxidation benötigen die thermische Energie, die exponentiell auf den jeweiligen Prozess einwirkt. Ist die Temperatur dagegen zu hoch, kann es zum Schmelzen der Metalle, zur Ausdiffusion von Stickstoff und somit zur Bildung von donatorartigen Stickstofffehlstellen [96] oder zur Entmischung der Metalle kommen, was sich in einer Erhöhung des Kontaktwiderstands und nichtlinearen Strom-Spannungskennlinien zeigt.

In den folgenden Abschnitten wird zunächst der Einfluss der Formierung auf die verwendeten Kontaktmetalle einzeln untersucht, bevor diese anschließend direkt verglichen werden.

Formierung von Palladiumkontakten

Der Einfluss der Formierungstemperatur auf den Kontaktwiderstand von Palladiumkontakten auf semipolarem heteroepitaktisch gewachsenem $(11\bar{2}2)$ p-GaN ist in Abbildung 2.13 gezeigt. Das Minimum des spezifischen Kontaktwiderstands ρ_c sowie die geringste Krümmung der Strom-Spannungskennlinie ergibt sich hier bei einer Formiertemperatur von rund 450°C, während bei polarem (0001) p-GaN standardmäßig Temperaturen von 530°C verwendet werden. Dies spricht für eine veränderte Effizienz bei der Galliumdiffusion und der Bildung von Galliumfehlstellen, was durch die geänderte Oberflächenmorphologie und die deutlich größere Oberflächenrauigkeit oder

Kapitel 2. Technologie zur Herstellung semipolarer Bauelemente

durch eine andere Bindungskonfiguration an der Oberfläche der semipolaren Proben begründet sein könnte.

Der niedrigste Kontaktwiderstand auf der semipolaren Ebene bei 1 mA Messstrom liegt bei 0,05 Ωcm². Der Vergleich mit der (0001) c-Probe zeigt einen um eine Größenordnung geringeren Wert von $\rho_c = 0,006\,\Omega\text{cm}^2$.

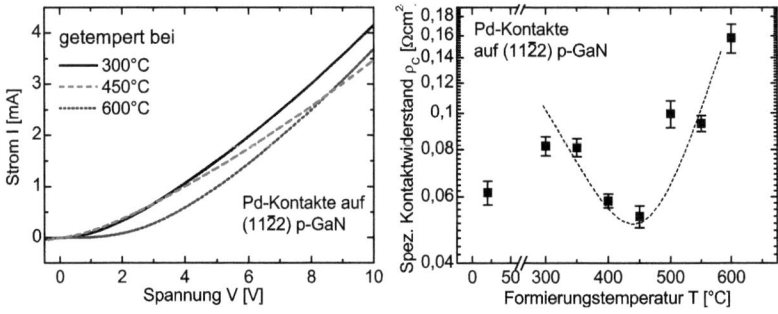

Abbildung 2.13
Die Formierungstemperatur ändert den Spannungsverlauf (links) und den spezifischen Kontaktwiderstand ρ_c (rechts) von Palladiumkontakten auf semipolarem (11$\overline{2}$2) p-GaN. TLM-Auswertung bei 1 mA.

Bei der Deutung dieser Zusammenhänge ist zu beachten, dass die Proben nicht mehrmals mit steigender Temperatur formiert wurden, sondern stets ein neues Teilstück des Wafers im unformierten und formierten Zustand gemessen wurde. Dies ist wichtig, um den Einfluss von Temperatur und Formierdauer zu trennen und unerwünschte Effekte durch das mehrmalige Aufheizen der Proben zu verhindern.

Formierung von Silber-Gold-Kontakten

Die Verwendung von Ag/Au-Kontakten ist insbesondere dann von Interesse, wenn reflektierende Kontakte für Leuchtdioden hergestellt werden sollen. Auf polarem p-GaN wurden durch Adivarahan et al. Kontakte mit sehr geringen spezifischen Widerständen ($\rho_c \approx$

2.2. Herstellung elektrischer Kontakte

$10^{-6}\,\Omega\mathrm{cm}^2$) durch einen Pd/Ag/Au/Ti/Au-Kontakt erzielt, wobei das Palladium als Haftvermittler fungiert [97]. Das Titan wirkt aufgrund seiner vergleichsweise kleinen Austrittsarbeit vermutlich als Diffusionsbarriere. Durch Tempern bei hohen Temperaturen oberhalb des Legierungspunktes für Silber-Gold bildet sich eine Legierung, die auch in das Galliumnitrid eindringt und dort zu einer hohen lokalen p-Dotierung führt.

In Abbildung 2.14 sind die Kontaktwiderstände von Palladium-Silber-Gold-Kontakten (PdAgAu, Schichtdicke 2 / 50 / 50 nm) sowie von NiAu auf heteroepitaktisch gewachsenem semipolarem ($11\bar{2}2$) und polarem (0001) c-plane p-GaN für verschiedene Formierungstemperaturen verglichen. Durch Formieren der PdAgAu-Kontakte in Stickstoff verändert sich der Kontaktwiderstand. Auf der ($11\bar{2}2$)-Ebene verringert sich der Kontaktwiderstand des bei 900°C getemperten PdAgAu-Kontaktes gegenüber dem nicht getemperten Kontakt, jedoch fällt die Änderung mit einem Faktor von etwa 2 gering aus. Auf der c-Ebene, die schon bei unformierten Proben geringere Widerstände zeigt, ist dagegen ein gegenläufiger Trend zu beobachten: Der Kontaktwiderstand des PdAgAu-Kontakts zeigt zwar zwischen 750 und 850°C eine Reduktion, jedoch liegen alle Werte über der des unformierten Kontaktes. Der Grund dafür liegt möglicherweise in der Bildung von Stickstofffehlstellen aufgrund der hohen Formierungstemperaturen, wodurch die Akzeptoren kompensiert werden und so die p-Leitfähigkeit verschlechtert wird.

Der mit zunehmender Formierungstemperatur sinkende Kontaktwiderstand zeigt, dass hier die Effizienz des Legierungsprozesses steigt. Bei den PdAgAu-Kontakten ist somit die Bildung einer Gold-Silber-Legierung der wesentliche Schritt für die Reduktion des Kontaktwiderstands. Die Bildung der Legierung zeigt sich auch in einer Verfärbung der Kontakte von goldgelb zu silbrig.

Kapitel 2. Technologie zur Herstellung semipolarer Bauelemente

Wie auch bei den Palladiumkontakten ist der Kontaktwiderstand der semipolaren Proben erheblich höher als der der Kontakte auf der (0001) c-Ebene.

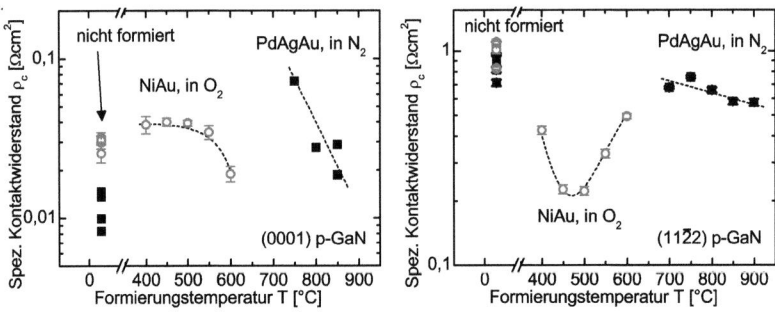

Abbildung 2.14
Die optimale Formierungstemperatur von NiAu- und PdAgAu-Kontakten auf (0001) polarem (0001) (links) und auf semipolarem (11$\bar{2}$2) p-GaN (rechts) hängt von der Kristallorientierung und dem Metall ab. Gemessen bei 1 mA durch M. Stascheit.

Formierung von Nickel-Gold-Kontakten

Die in Abbildung 2.14 gezeigten Ergebnisse der Untersuchungen von Nickel-Gold-Kontakten (NiAu, 10/10 nm) auf semipolarem p-GaN zeigen eine im Vergleich zu den PdAgAu-Kontakten deutlich höhere Temperaturabhängigkeit der Kontaktwiderstände. Auch hier werden Kontakte auf heteroepitaktisch gewachsenem semipolarem (11$\bar{2}$2) und polarem (0001) c-plane p-GaN verglichen. Während die nicht formierten NiAu-Kontakte auf der semipolaren Oberfläche ähnliche Kontaktwiderstände wie die PdAgAu-Kontakte zeigen, zeigen letztere auf c-plane p-GaN niedrigere Werte.

Durch Formieren der Kontakte in Sauerstoff reduziert sich der Kontaktwiderstand der semipolaren Proben erheblich. Dabei wird bei 450-500 °C der niedrigste Wert erreicht, der um einen Faktor 4-5 unter dem der nicht getemperten Probe liegt. Auf der c-Ebene liegen für niedrige

2.2. Herstellung elektrischer Kontakte

Temperaturen die Kontaktwiderstände oberhalb der nicht getemperten Probe. Erst bei 600°C wird ein Widerstand erreicht, der unterhalb der unformierten Probe liegt.

Der NiAu-Kontakt zeigt damit das erwartete Verhalten. Bei geringen Temperaturen ist die Oxidation von NiAu zu NiOAu sowie die von Ho et al. [70] beschriebene Durchmischung und die Bildung von Goldinseln unvollständig. Dies ist auch in der nur teilweisen Verfärbung der Kontakte zu erkennen (siehe Abbildung 2.15). Oberhalb von 550°C dagegen kommt es zur Degradation und Aufrauung der Oberfläche. Auf der c-Ebene liegt der optimale Temperaturwert höher als auf der $(11\bar{2}2)$-Ebene. Dieses Verhalten wurde bereits bei den Palladiumkontakten beobachtet und spricht dafür, dass hier die veränderte Oberflächenmorphologie und möglicherweise die erheblich höhere Rauigkeit der semipolaren Oberflächen die Oxidation des Nickels sowie die Diffusion von Gallium und die Bildung von akzeptorartigen Galliumfehlstellen beeinflusst.

Bei Vergleichen von oxidierten NiAu-Kontakten auf semipolarem homoepitaktisch gewachsenem p-GaN auf $(11\bar{2}2)$, $(20\bar{2}1)$ und $(1\bar{1}00)$ zeigte sich, dass die Oberflächenmorphologie und die makroskopische Rauigkeit einen erheblichen Einfluss auf die Oxidation und somit auch auf die Gleichmäßigkeit des p-Kontaktes haben. In Abbildung 2.15 ist die Verfärbung der NiAu-Kontakte auf rauen Probenoberflächen und in der Nähe von Defekten und Rissen ungleichmäßig und zeigt somit eine unvollständige Oxidation an. Die Oberflächenrauigkeit der Probe muss daher bei der Wahl eines geeigneten Kontaktmetalls berücksichtigt werden.

Der Vergleich der Strom-Spannungskennlinien von NiAu- und Pd-Kontakten auf semipolarem $(11\bar{2}2)$ und polarem (0001) p-GaN in Abbildung 2.16 zeigt, dass die rauigkeitsbedingte ungleichmäßige Oxidation der NiAu-Kontakte erheblichen Einfluss auf das elektrische Verhalten der Kontakte nimmt. Die Kennlinien der p-Kontakte

Kapitel 2. Technologie zur Herstellung semipolarer Bauelemente

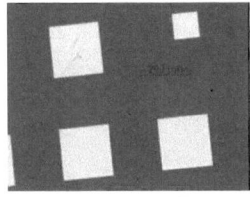
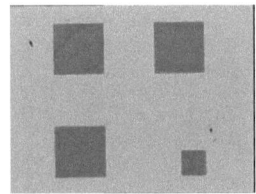

(a) unformiert auf ($20\bar{2}1$) (b) formiert auf ($20\bar{2}1$) (c) teilweise formiert auf ($11\bar{2}2$)

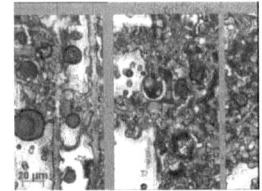

(d) ungleichmäßig formiert auf ($10\bar{1}0$) (e) Blasenbildung auf ($10\bar{1}0$)

Abbildung 2.15
Durch Formierung in Sauerstoff werden NiAu-Kontakte zu NiOAu oxidiert, wobei sie sich verfärben (b-e). Rauigkeiten führen zu ungleichmäßiger Oxidation (c). An Rissen und Defekten kommt es zu Blasenbildung und unvollständiger Oxidation (d,e). Bilder d+e: L. Redaelli)

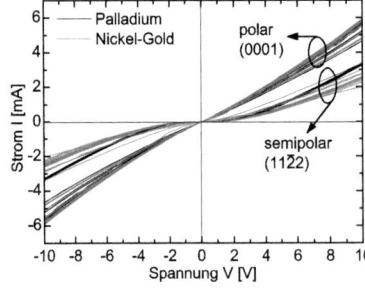

Abbildung 2.16
Strom-Spannungskennlinien von NickelGold- bzw. Palladiumkontakten auf (0001) und ($11\bar{2}2$) p-GaN. Semipolares p-GaN hat nichtlineare Kennlinien, die Variation bei NiAu ist höher als bei Pd.

auf c-plane GaN sind näherungsweise linear und zeigen ohmsches Verhalten, während die semipolaren Proben nichtlineare Strom-Spannungskennlinien mit einem Schottky-artigen Verhalten zeigen. Zusätzlich ist bei den Nickel-Gold-Kontakten auf semipolarem p-GaN eine erhebliche Streuung der Kennlinien zu beobachten, die auf die bereits optisch nachgewiesene ungleichmäßige Oxidation des Nickels zurückzuführen ist. Der Grund dafür ist die höhere Rauigkeit der semipolaren Proben, die die Oxidation beeinflusst. Die Palladiumkontakte, die nur unter Stickstoffgas formiert werden, zeigen eine bedeutend geringere Streuung.

Vergleich der Kontaktmetalle

Beim Vergleich der verschiedenen Metallisierungen ist zu beachten, dass das p-GaN-Wafermaterial für die Pd-Kontakte an einer anderen Epitaxieanlage hergestellt wurde und die Prozessierung dieser Proben unter anderen Bedingungen erfolgte. Auch die Messungen der in Tabelle 2.1 gezeigten Werte erfolgten hier bei konstanten Strömen, während für die anderen Proben konstante Stromdichten verwendet wurden.

Betrachtet man die spezifischen Kontaktwiderstände ρ_c der Palladium- und Nickel-Gold-Kontakte auf polarem und semipolarem p-GaN, die bei gleichen Bedingungen gewachsen, prozessiert und vermessen wurden, so zeigen sich beim gleichen Messtrom von 1 mA ähnliche Werte: Auf der c-Ebene wird jeweils ein Kontaktwiderstand von $\rho_c = 0,005 - 0,006\,\Omega\mathrm{cm}^2$ erzielt, während auf der $(11\bar{2}2)$-Ebene Widerstände von $\rho_c = 0,05\,\Omega\mathrm{cm}^2$ erzielt wurden (siehe Tabelle 2.1).

Beim Vergleich des NiAu- und des PdAgAu-Kontaktes bei $j = 10\,\mathrm{Acm}^{-2}$ zeigt der NiAu-Kontakt sowohl auf (0001)- als auch auf $(11\bar{2}2)$ p-GaN einen um rund 30-50% geringeren Kontaktwiderstand als der PdAgAu-Kontakt. Die Bestwerte des NiAu-Kontakts liegen bei 0,18 und 0,02 $\Omega\mathrm{cm}^2$ auf semipolarem und polarem p-GaN. Auch hier ist der Widerstand auf den semipolaren Proben erheblich höher als auf der c-Ebene.

In Sauerstoff formiertes NiAu ist folglich das am besten geeignete Material zur Herstellung von Ohm'schen Kontakten auf p-GaN. Palladium hat nur geringfügig höhere Kontaktwiderstände und ist weniger empfindlich bezüglich der Probenrauigkeit, so dass es eine gute Alternative für raue Proben darstellt.

Im Vergleich der verschiedenen Kontaktmetalle wird deutlich, dass die semipolaren Proben bei kleinen Stromdichten stets einen um etwa eine Größenordnung höheren Kontaktwiderstand aufweisen, während der spezifische Serienwiderstand um weniger als einen Faktor 2 abweicht. Alle Proben zeigen in Hall- und SIMS-Messungen akzeptable p-Leitfähigkeitswerte und Löcherkonzentrationen (siehe auch Abbildung 2.10). Der Unterschied zwischen den Kristallorientierungen ist somit nicht auf Unterschiede in der p-Dotierung zurückzuführen. Da auch die Metalle und deren Behandlung für beide Kristallorientierungen identisch sind, muss die Ursache in der Kristallorientierung selbst oder der Defektdichte und Rauigkeit liegen. So kann neben dem Fermipinning durch Oberflächenzustände und Oxide auch eine erschwerte Ausbildung von Gallium-Fehlstellen auftreten, wodurch das Durchtunneln der verbleibenden Schottkybarriere erschwert wird.

Vergleicht man den Kontaktwiderstand des NiAu-Kontakts bei verschiedenen Messstromdichten j (siehe Abbildung 2.17), so fällt auf, dass mit zunehmender Stromdichte der Unterschied kleiner wird und bei für Laserdioden typischen Stromdichten von mehreren kAcm^{-2} verschwindet. Dies zeigt, dass bei hohen Strömen und somit erhöhten Spannungen die verbleibende Schottkybarriere einfacher überwunden oder durchtunnelt werden kann. Dieses Verhalten wurde auch bei den anderen Kontaktmetallen beobachtet.

Um neben der Dotierung weitere Einflüsse auf den Kontaktwiderstand wie die Defektdichte auszuschließen, sollen im nächsten Abschnitt

2.2. Herstellung elektrischer Kontakte

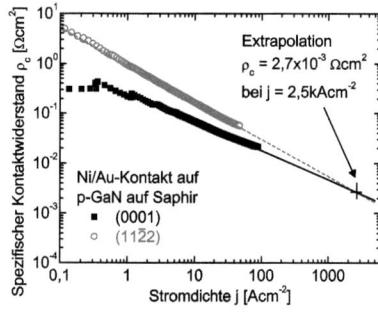

Abbildung 2.17
Abhängigkeit des gemessenen spezifischen Kontaktwiderstandes ρ_c von Ni-Au-Kontakten auf (0001) c-plane und semipolarem ($11\bar{2}2$) p-GaN von der Stromdichte j.

Kontakte auf homoepitaktisch gewachsenen, defektreduzierten Proben untersucht werden.

2.2.7 Einfluss der Defektdichte und weiterer Kristallorientierungen

Sämtliche bisher vorgestellten Ergebnisse von Metall-Halbleiterkontakten in diesem Kapitel wurden auf heteroepitaktisch gewachsenem GaN mit (0001)- oder ($11\bar{2}2$)-Orientierung auf Saphir erzielt. Diese großflächigen Proben erlauben aufgrund der zahlreichen TLM-Strukturen eine gute statistische Auswertung und sind somit sehr gut für Parameterstudien geeignet.

Die semipolaren heteroepitaktisch gewachsenen Proben zeigten deutlich höhere Kontaktwiderstände als die c-plane-Proben; gleichzeitig war auch die Rauigkeit und die Defektdichte der semipolaren Proben erheblich höher (siehe Abschnitt 2.2.6 und Abbildung 2.11). Dies beeinflusst die Kontakteigenschaften sowie das Verhalten beim Tempern. Außerdem ist bei der Heteroepitaxie die Auswahl der verfügbaren semipolaren Orientierungen gering. Daher werden hier die TLM-Werte von p-Kontakten auf freistehendem GaN mit deutlich reduzierter Defektdichte untersucht. Die mittels AFM gemessene Oberfläche einer bereits prozessierten, homoepitaktisch gewachsenen ($20\bar{2}1$)-LED ist in Abbildung 2.18 gezeigt. Die rms-Rauigkeit liegt mit 2,7 nm deutlich

Ebene	Epitaxie-art	Proben-typ	Metall	Formier-temperatur	ρ_s [Ωcm]	ρ_c [Ωcm^2]	Mess-modus
($10\bar{1}1$)	homo	LED1	NiAu	545°C	3,9	0,12	j
($20\bar{2}1$)	homo	LED1	NiAu	545°C	2,1	0,15	
($10\bar{1}0$)	homo	LED1	NiAu	530°C	6	0,15	
(0001)	hetero	LED1	NiAu	545°C	16	0,016	
($20\bar{2}1$)	homo	LED2	NiAu	545°C	3,3	0,1	
($10\bar{1}0$)	homo	LED2	NiAu	545°C	23	0,07	
(0001)	hetero	LED2	NiAu	545°C	2,7	0,013	
($11\bar{2}2$)	hetero	p-GaN	NiAu	500°C	2,0	0,18	
(0001)	hetero	p-GaN	NiAu	600°C	2,6	0,02	
($11\bar{2}2$)	hetero	p-GaN	PdAgAu	850°C	1,8	0,27	
(0001)	hetero	p-GaN	PdAgAu	850°C	2,6	0,04	
($11\bar{2}2$)	hetero	p-GaN	Pd	450°C	3,7	0,05	I
(0001)	hetero	p-GaN	Pd	530°C	2,5	0,006	
($11\bar{2}2$)	hetero	p-GaN	NiAu	545°C	4	0,05	
(0001)	hetero	p-GaN	NiAu	545°C	2,5	0,005	

Tabelle 2.1
Übersicht über Ergebnisse der Kontaktoptimierung für verschiedene Kontaktmetalle, ρ_c und ρ_s bei $j = 10\,\text{Acm}^{-2}$ beziehungsweise bei $I = 1\,mA$ gemessen

unter der Rauigkeit der heteroepitaktisch gewachsenen semipolaren ($11\bar{2}2$) p-GaN Proben auf Saphir (50 nm) und nur unwesentlich über der des p-GaNs auf der c-Ebene (1,5 nm)

Die untersuchten p-Kontakte wurden auf LED-Strukturen hergestellt. Die Ergebnisse der weiteren Untersuchungen zu diesen Proben sind in den Kapiteln 3.1 und 4.2 vorgestellt. Sie sind als volle LED-Struktur gewachsen und bestehen daher aus einer mit Silizium dotierten n-Seite, einer aktiven Zone mit InGaN-Quantenfilmen und einer p-Seite von typischerweise 500 nm Dicke. Es wurden zwei Designs gewachsen: Das erste ist eine Standard-LED (LED1) mit einfachem Quantenfilm (SQW), $In_{0,02}Ga_{0,98}N$-Barrieren und AlGaN-EBL. Die zweite Serie (LED2) hat einen dreifachen Quantenfilm (TQW) mit GaN-Barrieren und keinen EBL. Bei der Prozessierung spielt hier nur die p-Seite eine Rolle, da der pn-Übergang ohne angelegte Spannung am n-Kontakt hochohmig ist und der Stromfluss nur im p-Gebiet stattfindet.

2.2. Herstellung elektrischer Kontakte

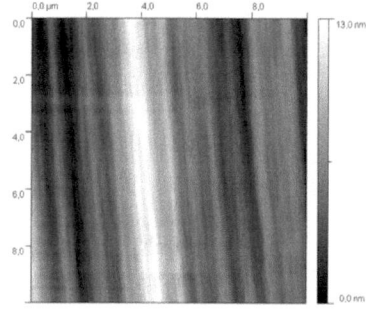

Abbildung 2.18
Die Oberflächenrauigkeit der homoepitaktisch gewachsenen $(20\bar{2}1)$-LED ist deutlich geringer als die der heteroepitaktischen Proben in Abbildung 2.11. AFM-Bild durch T. Wernicke

Die LED-Strukturen wurden auf semipolarem $(10\bar{1}1)$, $(20\bar{2}1)$ und nichtpolarem $(10\bar{1}0)$ m-plane GaN gewachsen. Die Vergleichsprobe auf (0001) c-plane-GaN ist heteroepitaktisch auf Saphir hergestellt. Bei beiden Serien wurde ein semitransparenter Ni/Au-Kontakt mit je 10 nm Schichtdicke und einer 400 nm dicken Au-Verstärkung verwendet. Das NiAu wurde unter Sauerstofffluss bei 545 °C zu NiO-Au oxidiert. Da eine Serie im Nanophotonikzentrum der TU Berlin und die andere im Ferdinand-Braun-Institut in Berlin prozessiert wurden, ergeben sich leichte Unterschiede in der Prozessführung, die hauptsächlich in der Geräteausstattung begründet sind. Der größte Unterschied liegt dabei in der verwendeten Oxidätzung vor der Metalldeposition: Während die EBL-freien TQW-LEDs (LED2) am FBH mit HF (genauer: BOE) geätzt und anschließend flächig metallisiert und durch Sputtern strukturiert wurden, wurde für die SQW-LEDs (LED1) mit EBL 37%-ige Salzsäure HCl für die Ätzung verwendet. Eine weitere Probe, ein dreifacher Quantenfilm (TQW) mit InGaN-Barrieren und EBL auf m-plane GaN, wurde an der TU Berlin mit der Lift-Off-Technologie strukturiert, wobei vor der Lithographie das Oxid mit Salzsäure (HCl, 37 %) entfernt wurde. Nach der Lithographie und vor dem Bedampfen mit Metall wurden potentiell neu entstandene Oxide mit verdünnter Salzsäure (HCl 37%:H_2O = 1:7) entfernt (siehe Abschnitt 2.2.5). Bei letzterem Verfahren kann eine Kontamination mit Kohlenstoff aus dem Photolack zwar nicht ausgeschlossen

Kapitel 2. Technologie zur Herstellung semipolarer Bauelemente

werden, jedoch ist aus den Strom-Spannungskennlinien und den Widerstandsmessungen auch kein klarer Indikator für Kontaminationen ersichtlich.

In Abbildung 2.19 sind die Strom-Spannungskennlinien und der spezifische Kontaktwiderstand ρ_c für die beiden Serien verglichen. Man erkennt, dass die c-plane-Proben die geringsten Kontaktwiderstände in der Größenordnung von $10^{-2}\,\Omega\mathrm{cm}^2$ bei $10\,\mathrm{Acm}^{-2}$ Messstromdichte und die größte Linearität der UI-Kennlinien aufweisen. Die Strom-Spannungskennlinien der HF-geätzten c-plane-Probe ist deutlich linearer, während die Kontaktwiderstände bei gleichen Stromdichten mit etwa $0{,}01\text{-}0{,}02\,\Omega\mathrm{cm}^2$ gleich groß sind (Tabelle 2.1). Die Unterschiede können neben der Prozessführung auch die unterschiedlichen Wachstumsrezepte und somit beispielsweise variierende Ladungsträger- oder Defektdichten als Ursache haben. Der Serienwiderstand ρ_s der HCl-geätzten (0001)-Probe ist mit $16\,\Omega\mathrm{cm}^2$ wesentlich höher als der der HF-geätzen Probe (2,0), was für eine geringere Ladungsträgerkonzentration spricht (Tabelle 2.1).

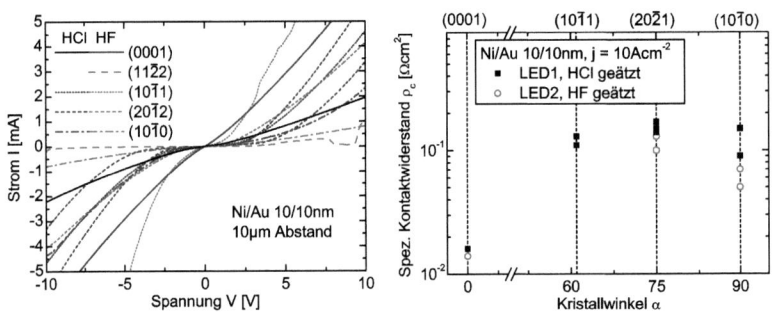

Abbildung 2.19
Spannungsverlauf (links) und spezifischer Kontaktwiderstand ρ_c (rechts) der p-Kontakte auf semipolaren und nichtpolaren LED-Strukturen auf bulk-GaN bei $j = 10\,\mathrm{Acm}^{-2}$. c-plane-Proben auf Saphir dienen zum Vergleich. Die Farbe der Punkte entspricht der Wellenlänge der LEDs (siehe AbschnittLEDs)

2.2. Herstellung elektrischer Kontakte

Der Kontaktwiderstand der m-plane- und $(10\bar{1}1)$-Proben liegt bei $10\,\text{Acm}^{-2}$ im Bereich von $0,1\,\Omega\text{cm}^2$ (Abbildung 2.19). Bei den LEDs auf $(10\bar{1}1)$ war lediglich die HCl-geätzte Probe LED1 auswertbar. Wie in Abschnitt 3.2 und den Abbildungen 3.3 und 3.10b gezeigt wird, sind hier bügeleisenförmige Strukturen vorhanden, die zu verändertem Indium- und Magnesiumeinbau an den Vizinalflächen führen und so zahlreiche Parameter des fertigen Bauelements lokal stark verändern können. Dadurch sind TLM-Messfelder, die auf solchen Strukturen liegen, nicht auswertbar. Bei der m-plane-Probe ist der Kontaktwiderstand der HF-geätzten Probe LED2 niedriger als der der im Lift-Off-Verfahren und mit HCl-geätzten Probe LED1, wobei jedoch der Serienwiderstand der HF-geätzten LED2 um einen Faktor 4 höher ist, was auf eine geringere Dotierung hindeutet. Dies wurde auch durch Hall-Messungen bestätigt. Bei einem hohen Serienwiderstand besteht die Gefahr, dass die TLM-Auswertung verfälscht wird, da dann nicht die gesamte Schichtdicke t ausgenutzt wird und der Strompfad stark inhomogen ist (vergleiche Abbildung 2.8).

Die LEDs auf $(20\bar{2}1)$ zeigen die höchsten Kontaktwiderstände in der Größenordnung von $0,2\,\Omega\text{cm}^2$ und das ausgeprägteste Schottky-Verhalten, wobei die HF-geätzten Proben gegenüber den HCl-geätzten Proben leicht reduzierte Kontaktwiderstände haben.

Die Unterschiede zwischen den Orientierungen sind relativ gering, wobei durch die geringe Anzahl der untersuchten Kontakte eine statistisch signifikante Auswertung schwierig ist. Somit kann nicht auf ein unterschiedlich starkes Fermipinning bei verschiedenen semipolaren Ebenen in Abhängigkeit der Orientierung geschlossen werden. Der Unterschied zur c-Ebene dagegen ist erheblich größer.

Beim Vergleich der unterschiedlich prozessierten Proben sind die im Sputterverfahren und mit HF geätzten bulk-Proben den anderen, im Lift-Off-Verfahren mit HCl-Ätzung erstellten, leicht überlegen. Allerdings sind die Unterschiede insbesondere unter Berücksichtigung der

Kapitel 2. Technologie zur Herstellung semipolarer Bauelemente

Probenzahl sehr gering. Ob es bei den Serien LED1 und LED2 zu unterschiedlich effizienter Oxidentfernung, Kohlenstoffkontamination oder wachstumsbedingt abweichenden p-Leitfähigkeiten kam, kann hier nicht unterschieden werden.

In Abbildung 2.20 ist die Abhängigkeit des Kontaktwiderstands von der Stromdichte j für die p-Kontakte auf den homoepitaktisch gewachsenen LEDs dargestellt. Wie in Abbildung 2.9 sieht man auch hier eine Abnahme von ρ_c, der für hohe Ströme exponentiell sinkt. Bei hohen Spannungen und somit hohen Stromdichten kommt es zu einer starken Bandverbiegung am Kontakt, so dass die Barrierenhöhe und -breite reduziert werden, wodurch Ladungsträger diese leichter überwinden können. Durch Extrapolation der Kontaktwiderstände auf Stromdichten von $10\,\mathrm{kAcm^{-2}}$, wie sie für den Laserbetrieb üblich sind, ergibt sich gegenüber den geringen Stromdichten ein etwas anderes Bild (Abbildung 2.20 rechts):
Die $(10\bar{1}1)$-Orientierung zeigt die kleinsten Kontaktwiderstände, während $(20\bar{2}1)$ und (0001) etwa gleichauf liegen. Die Oxidätzung scheint keinen Einfluss zu haben. Da bei geringen Stromdichten die Schottkybarriere am Metall-Halbleiterübergang den spezifischen Kontaktwiderstand dominiert, kann daraus geschlossen werden, dass diese für die $(20\bar{2}1)$-Orientierung größer ist als für $(10\bar{1}1)$ und (0001). Die m-plane-Proben ließen sich nicht bei hohen Stromdichten auswerten, was vermutlich auf Dotierungsschwierigkeiten und den hohen Serienwiderstand zurückzuführen ist.

Obwohl ein direkter Vergleich zwischen Homo- und Heteroepitaxie schwierig ist, da die p-Dotierung der homoepitaktisch gewachsenen $(11\bar{2}2)$-Probe nicht erfolgreich war und somit keine Orientierung für einen direkten Vergleich zur Verfügung stand, können dennoch Rückschlüsse auf die physikalischen Einflüsse der semipolaren Oberflächen gezogen werden. Alle Nickel-Gold-Kontakte auf semipolaren Ebenen haben bei $j = 10\,\mathrm{Acm^{-2}}$ einen Kontaktwiderstand von

2.2. Herstellung elektrischer Kontakte

$0,1 - 0,2\,\Omega\mathrm{cm}^2$ Daher hat offenbar die erhöhte Defektdichte der heteroepitaktisch gewachsenen Proben keinen großen Einfluss auf den Kontaktwiderstand.

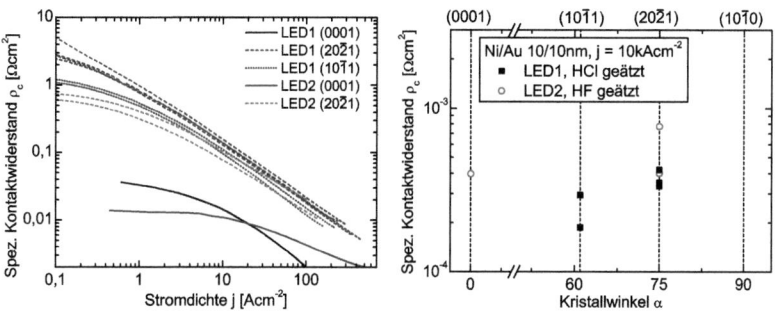

Abbildung 2.20
Links: Spezifischer Kontaktwiderstand ρ_c als Funktion der Stromdichte j
Rechts: Spezifischer Kontaktwiderstand bei $j = 10\,\mathrm{kAcm}^{-2}$ für verschiedene Kristallorientierungen.

In der Praxis muss bei epitaktisch gewachsenen Proben stets mit oxidierten Oberflächen gerechnet werden. Durch Ätzverfahren kann die Dicke der Oberflächenoxidschicht verringert werden, jedoch muss man stets von einer verbleibenden Schicht ausgehen. Auch wenn diese nur eine Monolage dick sein sollte, so führt sie dennoch zu einer Veränderung der Energieniveaus an der Oberfläche, so dass mit Fermi-pinning gerechnet werden muss. Auf c-plane-GaN ist aufgrund der Bindungskonfiguration die Dicke der Oxidschicht begrenzt. Wie man in Abbildung 1.2 sehen kann, gibt es eine Bindung in Wachstumsrichtung und drei, die fast in der Ebene liegen. Das Aufbrechen der senkrechten Bindung und somit die Anlagerung eines Sauerstoffs an diese Bindung ist energetisch einfacher möglich als an die anderen Bindungen. Bei semipolaren Ebenen ist die Einheitszelle verkippt, so dass weitere Bindungen für die Oxidation zur Verfügung stehen. Dies könnte zu einer erhöhten Oxidationsrate oder verstärktem Fermi-pinning führen. Auch die Rauigkeit der Oberfläche spielt eine Rolle, da an Kanten und Morphologiestörungen einfacher Bindungen hergestellt werden können, was die Oxidbildung vereinfacht. Die Dotierung sowie die Defektdichte der Proben haben dagegen keinen Einfluss auf den Kontaktwiderstand.

2.3 Herstellung von Laserresonatoren

In diesem Abschnitt wird zunächst auf die Anforderungen eingegangen, die an die Güte, Steilheit und Rauigkeit der Laserspiegel für einen Halbleiterlaser gestellt werden. Da diese in Halbleiterlasern elementarer Bestandteil des Halbleiterkristalls selbst sind und darüber hinaus insbesondere in kubischen Systemen und bei Lasern auf der c-Ebene durch definierte Kristallebenen gebildet werden, werden die Spiegel im Weiteren auch als Laserfacetten bezeichnet. Es werden verschiedene Verfahren vorgestellt und bewertet, die für die Erzeugung oder Bearbeitung von Facetten geeignet sind.

2.3.1 Reflektivität geneigter Facetten

Ein Laserresonator ist ein fundamentaler Bestandteil aller Laser, da nur durch das mehrfache Durchlaufen des laseraktiven Mediums eine stabile Lasermode ausgebildet und eine konstante Phasenbeziehung zwischen den Photonen im Resonator erreicht wird. Die Güte der Laserfacetten ist von essentieller Bedeutung für den Betrieb eines Halbleiterlasers, da die Reflektivitäten R direkt in die Verluste des Lasers eingehen und somit die Schwelle des Gewinns g_{th} und somit auch den Schwellstrom I_{th} beeinflussen:

$$g_{th} = \alpha_i - \frac{1}{L}\ln(R) \qquad (2.10)$$

Hierbei sind α_i die übrigen internen Verluste, die unter anderem durch Absorption im nicht gepumpten Medium und ungenügende Wellenführung im Wellenleiter bedingt sind. Die Facetten eines Halbleiterlasers werden, bedingt durch die im Vergleich zu Gas- und Festkörperlasern geringe Baugröße, nicht extern hinzugefügt, sondern die Grenzfläche zwischen dem Halbleiter und der umgebenden Luft wird als Spiegel verwendet. Im einfachsten Fall wird der Kristall da-

Kapitel 2. Technologie zur Herstellung semipolarer Bauelemente

zu senkrecht zum Resonator gespalten, wodurch sich idealerweise eine atomar glatte, vertikale Spaltfläche ausbildet. Die Reflektivität R eines solchen Übergangs zwischen dem Halbleiter und der Umgebung (Luft: $n_r = 1$) ist durch den Brechungsindex n_r des Halbleiters gegeben:

$$R = \left(\frac{n_r - 1}{n_r + 1}\right)^2 \qquad (2.11)$$

Für GaN, das bei einer Wellenlänge von 405 nm einen Brechungsindex von etwa $n_r = 2,75$ hat, ergibt sich somit eine Reflektivität R von rund 21%. Dieser einfache Zusammenhang gilt jedoch nur, wenn das Licht senkrecht auf die Fläche einfällt und die Oberfläche eine Rauigkeit besitzt, die klein im Vergleich zur Wellenlänge λ im Medium ist. Ist die Facette dagegen gegenüber der Lichtausbreitungsrichtung im Resonator verkippt, so wird ein veränderter Anteil reflektiert.

In einem typischen Wellenleiter, wie er in Halbleiterlasern verwendet wird, ist jedoch die Wechselwirkung der optischen Feldverteilung mit dem Wellenleiter und dessen numerischer Apertur NA deutlich wichtiger. Dies ist vergleichbar mit der Winkelselektivität einer Glasfaser: Um im Wellenleiter geführt zu werden, muss das Licht bei Betrachtung gemäß der geometrischen Optik stets total am Übergang zwischen Mantelschicht und Wellenleiter reflektiert werden. Licht, das einen größeren Winkel zum Mantel hat, wird transmittiert und verlässt den Wellenleiter (siehe Abbildung 2.21). Der Akzeptanzwinkel α_e, mit dem Licht in den Wellenleiter eingekoppelt werden kann, wird durch die numerische Apertur $n_{air} \sin\alpha_e \leq NA = \sqrt{n_{Wellenleiter}^2 - n_{Mantel}^2}$ beschrieben. Wenn nun die Facette verkippt ist, so erhöht sich der Winkel, mit dem das Licht auf die Grenzfläche zwischen Mantel und Wellenleiter trifft, und die Verluste steigen.

Diese geometrische Betrachtung ist nur für Fälle gültig, in denen der Wellenleiter viel breiter als die optische Wellenlänge ist. Da diese Bedingung im Halbleiterlaser nicht erfüllt ist, muss stattdessen die Modenführung aus der k-Vektorverteilung der optischen Mode sowie der

2.3. Herstellung von Laserresonatoren

numerischen Apertur NA des Wellenleiters berechnet werden. Die effektive Reflexion R_{eff} beschreibt dann, wie viel Licht nach der Reflexion an der Grenzfläche im Wellenleiter geführt wird. Die Berechnung wurde mittels eines kommerziellen Programms zur Berechnung der Wellenausbreitung in komplexen Bauelementen ausgeführt [98].

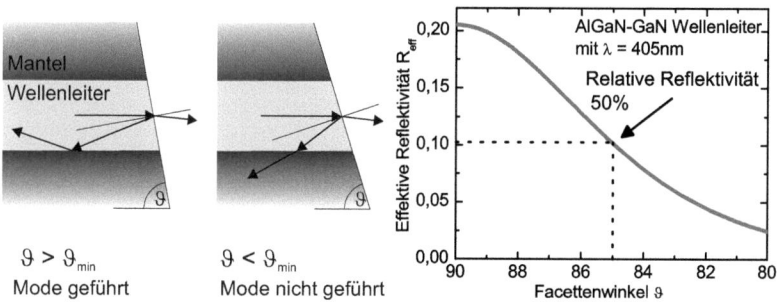

Abbildung 2.21
Links: Schema der Modenführung bei geneigter Facette in einem dicken Wellenleiter gemäß geometrischer Strahlenoptik
Rechts: Die effektive Reflektivität einer im Winkel ϑ gegenüber der Wachstumsebene geneigten Laserfacette nimmt stark ab. Berechnet für einen AlGaN-GaN-Wellenleiter bei 405 nm Wellenlänge

Die Winkelabhängigkeit der effektiven Reflexion R_{eff} ist in 2.21 als Funktion des Facettenwinkel ϑ dargestellt, wobei ϑ der Winkel zwischen Wachstumsebene und Facette ist. Es wurde ein Laser mit 405 nm Wellenlänge, einem dreifachen Quantenfilm, einem symmetrischen 200 nm breiten GaN-Wellenleiter und AlGaN-Mantelschichten mit 6% Aluminiumgehalt berechnet. Aus der Graphik kann man erkennen, dass die Reflektivität nichtlinear abnimmt, wobei das Maximum durch die Formel (2.11) bestimmt ist. Mit abnehmendem Winkel fällt die Reflektivität stark ab und erreicht bei 85° Facettenwinkel nur noch die Hälfte der Maximalreflektivität. Aus diesem Grund sind Facettenwinkel $\geq 85°$, besser noch $\geq 87°$, erstrebenswert. Es ist zu beachten, dass die reine Betrachtung ohne Wellenleiter in diesem kleinen Winkelbereich keine signifikante Änderung der effektiven Reflektivität erwarten lässt und somit hier Modenführungseffekte dominieren. Die Reflektivität lässt sich durch das Aufbringen von Beschichtungen erhöhen (sog. HR-coatings, high reflective), wodurch zwar die Maximalreflektivität, nicht jedoch der Akzeptanzwinkel des Wellenleiters verändert wird, so dass der Verlauf in 2.21 die Form beibehält.

2.3.2 Strukturierungsverfahren

Bei der Herstellung von Laserfacetten kommen zwei Verfahrenstypen infrage: Das Spalten entlang niedrig indizierter und somit leicht brechender Ebenen und das Ätzen des Materials. Auf das erste Prinzip wird in Abschnitt 2.3.3 eingegangen, während zwei verschiedene Ätzverfahren in den darauf folgenden Abschnitten 2.3.4 und 2.3.5 beschrieben werden.

Beim Spalten von Laserfacetten muss die kristallographische Ausrichtung sowohl der Wachstumsebene als auch des Laserresonators beachtet werden. Während in kubischen Kristallstrukturen wie beispielsweise der Zinkblendestruktur in (001)-Richtung stets eine Ebene zum Spalten gefunden werden kann, die senkrecht zum Resonator und zur Wachstumsebene steht, ist dies im hexagonalen Wurtzitkristall nicht immer der Fall. Wie in Tabelle 2.2 gezeigt ist, ergibt sich für Resonatoren in der semipolaren c'-Richtung (die Projektion der c-Achse auf die Wachstumsebene) stets ein Winkelunterschied zwischen der c'-Achse und der Spaltebenennormalen. Eine Auswahl von Facetten für Laserstrukturen auf typischen Kristallorientierungen wie der nichtpolaren m-Ebene und der semipolaren $(11\bar{2}2)$-Ebene ist in Abbildung 2.22 gezeigt.

Beim Ätzen unterscheidet man das nass- und das trockenchemische Ätzen. Im Falle des nasschemischen Ätzens wird die Probe in eine ätzende Säure oder Lauge eingebracht. Ob der Ätzangriff isotrop, anisotrop oder facettenabhängig ist, hängt von der Reaktivität der

2.3. Herstellung von Laserresonatoren

Wachstumsebene Kristallwinkel α	Resonator-orientierung	Nächste Ebene	Kristall winkel α	Facetten-winkel ϑ
(0001)	a $[11\bar{2}0]$	$(11\bar{2}0)$	90°	90°
0°	m $[10\bar{1}0]$	$(10\bar{1}0)$	90°	90°
$(10\bar{1}2)$	c' $[0\bar{1}11]$	$(10\bar{1}2)$	43,2°	86,4°
43,2°	a $[11\bar{2}0]$	$(11\bar{2}0)$	90°	90°
$(11\bar{2}2)$	c' $[11\bar{2}3]$	$(11\bar{2}5)$	33,0°	91,4°
58,4°	m $[10\bar{1}0]$	$(10\bar{1}0)$	90°	90°
$(10\bar{1}1)$	c' $[0\bar{1}12]$	$(10\bar{1}4)$	25,1°	87,1°
62,0°	a $[11\bar{2}0]$	$(11\bar{2}0)$	90°	90°
$(20\bar{2}1)$	c' $[0\bar{1}14]$	$(10\bar{1}6)$	17,4°	92,5°
75,1°	a $[11\bar{2}2]$	$(11\bar{2}0)$	90°	90°
$(10\bar{1}0)$	a $[11\bar{2}0]$	$(11\bar{2}0)$	90°	90°
90°	c $[0001]$	(0001)	0°	90°

Tabelle 2.2
Übersicht über typische Wachstumsebenen, die dazugehörigen Resonatoren und die nächsten niedrig indizierten Spaltebenen sowie die sich daraus ergebenden Facettenwinkel ϑ berechnet mit den Konstanten für GaN aus [34].

Ätzlösung, der Bindungskonfiguration des Kristalls und weiteren Parametern wie der Temperatur und reaktionsverstärkenden Faktoren wie z.B. UV-Licht oder dem Anlegen eines elektrischen Stroms ab. Viele nasschemische Verfahren sind isotrop bezüglich der Maskierung, aber anisotrop bezüglich der Kristallorientierung und Bindungskonfiguration (Abbildung 2.23). Das bedeutet, dass eine aufgebrachte lithographische Maske wenig Einfluss auf die Ätzrate und Flankensteilheit hat, während die unterschiedlichen Bindungsenergien der Kristallfacetten zu ausgeprägtem anisotropen Ätzen in Abhängigkeit der Kristallorientierung und -ausrichtung führen. Zur Unterscheidung der beiden Anisotropien wird hier die maskenabhängige Ätzrate (Abbildung 2.23d) als Anisotropie und die kristall- und bindungsabhängige Ätzrate (Abbildung 2.23e) als facettenabhängige Ätzung bezeichnet. Bei den in der Halbleiterindustrie üblichen Verfahren, insbesondere bei der Herstellung von Laserspiegeln, ist meist eine möglichst genaue

Kapitel 2. Technologie zur Herstellung semipolarer Bauelemente

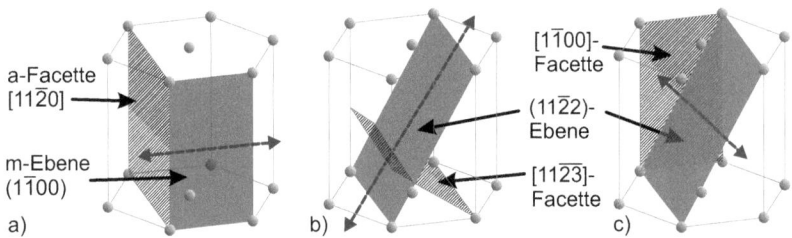

Abbildung 2.22
  Kristallmodell der Laserfacetten (schraffiert) für die nichtpolare m-Ebene (a, grau) und die semipolare (11$\overline{2}$2)-Ebene (b und c, grau) mit zwei Laserresonatorrichtungen (gestrichelter Pfeil).

Reproduktion der Maske erforderlich, während das facettenabhängige Ätzen nur für einige spezielle Richtungen erwünscht ist. Da jedoch bei nasschemischen Verfahren praktisch immer die Facettenabhängigkeit dominiert, dürfen hier im Allgemeinen keine senkrechten Ätzkanten erwartet werden. Außerdem kann es zum Unterätzen der verwendeten Ätzmaske kommen, wie in Abbildung 2.23c gezeigt.

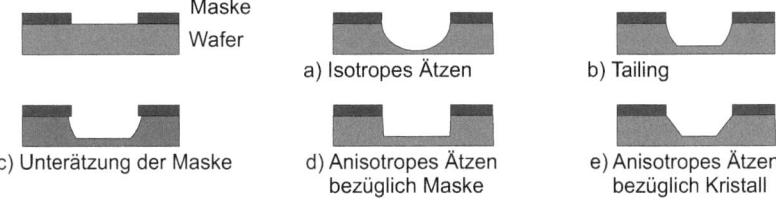

Abbildung 2.23
  Beim Nass- und Trockenätzen auftretende Effekte, die die Steilheit und Krümmung der Facette beeinflussen.

Beim trockenchemischen Ätzen (Abschnitt 2.3.4) wird die Probe einer gasförmigen Chemikalie, beispielsweise Chlor, ausgesetzt. Um bei reaktionsträgen Materialien wie GaN die Ätzrate zu erhöhen, kann das Gas ionisiert werden. Bei diesem auch Plasmaätzen genannten Verfahren liegt eine Spannung zwischen dem Substrat (beziehungsweise dem Träger) und einer Anode in oder außerhalb der Plasmaätzkammer. Durch das entstehende elektrische Feld werden die Gasionen beschleunigt und können so ein anisotropes Ätzen ermöglichen. Je höher dabei die Spannung und je gerichteter das Feld, um so weniger geneigt sind im Allgemeinen die Ätzkanten und das unerwünschte Verkrümmen der Ätzflanken (englisch: Tailing, Abbildung 2.23b) reduziert sich. Details zu diesem Verfahren werden in Abschnitt 2.3.4 genauer betrachtet.

2.3.3 Laserunterstütztes Spalten

Die einfachste Methode, Laserfacetten herzustellen, ist das Spalten entlang leicht brechender Flächen. Diese sind im Allgemeinen niedrig indiziert und haben eine geringe Spaltenergie, wenn wenige Bindungen gebrochen werden müssen. Im Fall von GaN-basierten Lasern auf der polaren c-Ebene wird hierzu üblicherweise die nichtpolare m-Ebene ($1\bar{1}00$) verwendet (siehe auch Tabelle 2.2). Die [$1\bar{1}00$] m-Richtung steht senkrecht auf der c-Achse, das heißt die m-Spaltfläche steht senkrecht zum m-Resonator.

Um genauer zu definieren, entlang welcher Richtung der Spaltprozess verläuft, kann der Wafer angeritzt werden. Dies ist insbesondere bei GaN-Proben auf Saphirsubstraten sinnvoll, da die hexagonalen Einheitszellen der Basalebenen von GaN und Saphir um 30° gegeneinander verdreht sind. Will man also die m-Ebene im GaN spalten, so muss im dickeren Saphirsubstrat die schlechter brechende ($11\bar{2}0$) a-Ebene gespalten werden.

Neben der weit verbreiteten Methode, das Anritzen mit einem Diamantritzer durchzuführen, wurde am Ferdinand-Braun-Institut in Berlin (FBH) ein Prozess entwickelt, bei dem mit Hilfe eines leistungsfähigen UV-Lasers ein beliebiges Ritzmuster mikrometergenau in die Rückseite des Wafers geschnitten werden kann. Dieses Verfahren ist für m-Ebenen von polaren Lasern erfolgreich demonstriert worden [99].

Beim Übertragen des Verfahrens auf Laserstrukturen auf nichtpolaren und semipolaren Orientierungen sind zwei Punkte zu beachten. Einerseits sind insbesondere bei semipolaren Proben die Richtungen und die Normalen auf die gleich indizierten Flächen nicht mehr äquivalent und die niedrig indizierten Flächen stehen nicht mehr notwendigerweise senkrecht zur Normalen auf der Wachstumsebene. Ein Beispiel hierfür ist in Abbildung 2.22 zu erkennen: Bei der ($11\bar{2}2$)-Ebene gibt es zwei ausgezeichnete Richtungen, die für den Resonator infrage kommen. Die Spaltfläche der [$1\bar{1}00$]-Richtung ist die nichtpolare ($1\bar{1}00$) m-Ebene. Für die dazu senkrechte c'-[$11\bar{2}\bar{3}$]-Richtung, die Projektion der c-Achse auf die Wachstumsebene, gilt dies nicht. Die nächste niedrig indizierte Ebene ist die ($1\bar{1}06$)-Ebene (Tabelle 2.2), die jedoch im Vergleich zur m- oder c-Ebene schon hoch indiziert ist, so dass ein Brechen entlang dieser Ebene eher unwahrscheinlich ist. Andererseits muss bei der Auswahl, in welcher Richtung der Resonator eines Lasers auf einer semipolaren Kristallrichtung orientiert ist, darüber hinaus die Anisotropie des Kristalls und damit der richtungsabhängige Gewinn berücksichtigt werden (siehe Kapitel 4.1).

Spalten von nichtpolaren Ebenen

Das Spalten von lasergeritzten Facetten mit niedrigem Miller-Bravais-Index, beispielsweise der m-, a- und c-Ebene, sollte vergleichsweise einfach zu bewerkstelligen sein, da die Ebenen geringe Spaltenergien aufweisen und daher ein Brechen entlang dieser senkrecht zum Resonator stehenden Ebenen favorisiert ist. Ein Sonderfall ist hierbei die (0001) c-Ebene, da diese polar ist und keine Ladungsneutralität gegeben ist.

In Abb. 2.24 ist eine rasterelektronenmikroskopische Aufnahme der nichtpolaren ($11\bar{2}0$) a-Ebene eines nichtpolaren m-plane-Lasers in Draufsicht gezeigt. Im gesamten Bereich der optisch relevanten Facette, das heißt im Gebiet zwischen der p-AlGaN- und der n-AlGaN-

2.3. Herstellung von Laserresonatoren

Schicht, gibt es keine Terrassen, Stufen oder ähnliche Defekte. Eine Detailaufnahme mittels Rasterkraftmikroskopie zeigt, dass die vorhandenen Stufen und Terrassierungen im GaN-buffer enden und die Facettenfläche nicht beeinträchtigen, da sie die Mantelschicht nicht durchlaufen. Letztere besteht aus einem AlGaN-GaN-Übergitter (short period super lattice, SPSL). Die unterschiedlichen Elastizitätsmodule von GaN und AlGaN und deren Verspannung sind der Grund, weshalb die Terrassierung am Übergang zwischen GaN und AlGaN endet, da es für die Stufe energetisch günstiger ist, entlang des Übergangs zu verlaufen als diesen wiederholt zu schneiden. Im Bereich des Wellenleiters hat die Facette eine mittlere Rauigkeit (rms) von weniger als 1 nm und erfüllt somit alle Anforderungen an eine hochqualitative Laserfacette.

Auch nichtpolare Ebenen von Laserstrukturen auf semipolaren Orientierungen (beispielsweise der [1$\bar{1}$00] m-Resonator eines Lasers auf semipolarem (11$\bar{2}$2)-GaN) brechen senkrecht und glatt, da das Spaltverhalten im Wesentlichen durch die Bindungskonfiguration der Spaltebene und nicht durch die Wachstumsrichtung bestimmt wird.

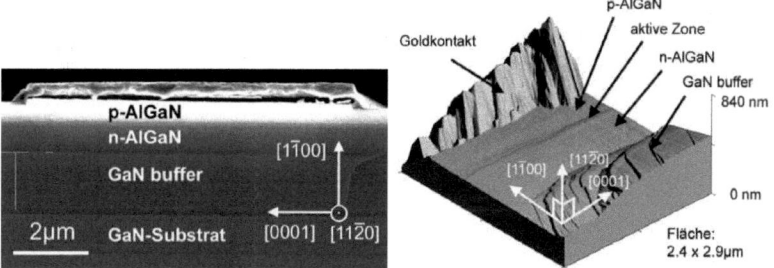

Abbildung 2.24
Rasterelektronenmikroskopische (links) rasterkraftmikroskopische Aufnahme (rechts) einer a-Facette eines m-plane Lasers. Die Facette ist im Bereich des Wellenleiters glatt und stufenfrei. AFM-Messung durch R. Kremzow

Spalten von semipolaren Ebenen

Bei der Erzeugung von Laserfacetten für Resonatoren entlang von semipolaren c'-Richtungen an Laserstrukturen auf semipolaren Ebenen wie beispielsweise der [11$\bar{2}$3]-Richtung auf (11$\bar{2}$2)-GaN ist zu beachten, dass es im Allgemeinen keine niedrig indizierte Ebene senkrecht zum Resonator gibt. Es gibt in diesem Fall zwei Möglichkeiten, wie sich eine solche Facette ausbilden kann: Entweder durch Spalten entlang einer hochindizierten Ebene mit erhöhter Bindungsenergie oder entlang einer oder mehrerer niedrig indizierter Ebenen, was dann zu geneigten oder gestuften Spaltebenen führt. Eine rasterelektronenmikroskopische Aufnahme der [11$\bar{2}$3]-Facette zeigt zwei makroskopische Spaltebenen, erkennbar durch die unterschiedlichen Helligkeiten in Bild 2.25 links. Obwohl diese Ebenen beide relativ glatt erscheinen, sind sie als Laserfacette eher ungeeignet, da es sich hier höchstwahrscheinlich um die a- und c-Ebenen handelt und keine der beiden senkrecht zum Laserresonator steht.

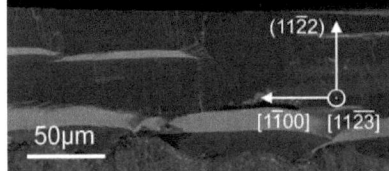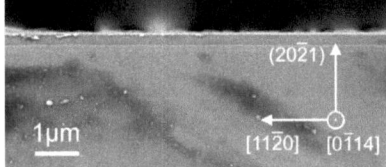

Abbildung 2.25
Rasterelektronenmikroskopische Aufnahmen der c'-Spaltfacetten von semipolaren Lasern.
Links: Die Facette des [11$\bar{2}$3]-Resonators einer semipolaren (11$\bar{2}$2)-GaN-Probe hat makroskopische Stufen durch Spalten entlang niedrigenergetischer Ebenen.
Rechts: Der [0$\bar{1}$14]-Resonators einer (20$\bar{2}$1)-Probe hat eine glatte, geneigte Spaltfläche.

Spaltversuche an Proben auf m-artigen semipolaren Orientierungen wie z.B. der (10$\bar{1}$2)-, (10$\bar{1}$1)- und der (2$\bar{0}$21)-Ebene zeigen ein anderes Verhalten: Die Spaltflächen sind in diesem Fall glatt mit nur einer

2.3. Herstellung von Laserresonatoren

Orientierung, jedoch stehen auch diese nicht senkrecht zum Resonator. Dies ist im Beispiel der c'-Facette des [0$\bar{1}$14]-Resonators einer Laserstruktur auf (20$\bar{2}$1)-GaN in Bild 2.25 rechts gezeigt. Die Neigung gegenüber der c-Ebene liegt bei etwa 20±5° (gemessen durch Verkippung der Probe im Rasterelektronenmikroskop), was dafür spricht, dass es sich hier um die (10$\bar{1}$5)-Spaltebene handelt. Diese hat einen Kristallwinkel α von 20,6°, so dass sich ein Facettenwinkel ϑ von rund 70° ergibt.

In Tabelle 2.3 ist das Spaltverhalten für die a- und m- beziehungsweise die c-/ c'-Resonatoren von Lasern auf verschiedenen Kristallorientierungen zusammengefasst. Nichtpolare und polare Ebenen können sauber gespalten werden und führen zu senkrechten und glatten Laserfacetten, während c'-Ebenen vom (10$\bar{1}$m)-Typ zwar glatt, aber geneigt sind. Die zum [11$\bar{2}$3]-Resonator gehörende Facette zeigt mehrere makroskopische Spaltebenen.

Wachstums-ebene	Resonatorrichtung a / m	c / c'	Legende
(10$\bar{1}$2)	a [11$\bar{2}$0]	c' [0$\bar{1}$11]	
(11$\bar{2}$2)	m [1$\bar{1}$00]	c' [11$\bar{2}$3]	glatt, senkrecht
(10$\bar{1}$1)	a [11$\bar{2}$0]	c' [0$\bar{1}$12]	glatt, geneigt
(20$\bar{2}$1)	a [11$\bar{2}$0]	c' [0$\bar{1}$14]	geneigt, mit Stufen
(10$\bar{1}$0)	a [11$\bar{2}$0]	c [0001]	

Tabelle 2.3
Spaltverhalten verschiedener Ebenen: Nur nichtpolare und polare Ebenen können senkrecht und glatt gespalten werden

2.3.4 Trockenchemisches Plasmaätzen

Eine weitere Methode zur Strukturierung von Laserfacetten ist das trockenchemische Ätzen. Hierbei wird die Probe einem Plasma ausgesetzt, das das Material entweder chemisch oder physikalisch angreift und definiert abträgt. Ein großer Vorteil dieser Methode ist, dass durch eine geeignete Maskierung der geätzte Bereich exakt definiert werden kann. Außerdem wird der gesamte Wafer bearbeitet und es können somit sehr viele Laser gleichzeitig strukturiert werden, während andere Verfahren wie das Laserritzen seriell arbeiten und somit langsam sind. Da der Wafer zudem nicht zerteilt werden muss, können weitere Prozessschritte und 'on-wafer'-Messungen durchgeführt werden. Im Übrigen muss der Plasmaätzschritt keinen zusätzlichen Aufwand bedeuten, da häufig in der Prozessfolge bereits ein ähnlicher Schritt vorhanden ist, der dann lediglich so modifiziert werden muss, dass die Anforderungen an die Facettengüte erfüllt werden. So ist beispielsweise bei Breitstreifenlasern mit Vorderseitenkontakten ein Plasmaätzschritt nötig, um die n-Seite freizulegen. Das trockenchemische Strukturieren der Facetten ist somit ein Verfahren, dass sich auch für die Großserienproduktion eignet.

Die Herausforderung beim trockenchemischen Ätzen besteht darin, einen Prozess zu entwickeln, der ein bezüglich der Maske hoch anisotropes, also stark richtungsabhängiges Ätzen erlaubt und somit senkrechte Ätzflanken mit geringer Rauigkeit ermöglicht. Die Prozessfolge für einen solchen Ätzvorgang ist in Abbildung 2.26 gezeigt. Zunächst wird auf die zu ätzende Struktur mittels plasmaunterstützer chemischer Gasphasenabscheidung (plasma-enhanced chemical vapor deposition, PECVD) eine Siliziumnitridschicht (SiN) abgeschieden, die später als Ätzmaske dienen wird. Auf dieser wird mittels konventioneller Photolithografie das Ätzlayout definiert. Dabei müssen sämtliche Parameter, insbesondere die Belichtungs- und Entwicklungszeit des Photolacks so angepasst werden, dass sich senkrechte Lackkanten ergeben. Schräge oder gekrümmte Kanten würden sich auf die nächsten Schritte und somit auf die Laserfacette übertragen.

Im zweiten Schritt wird dann die Nitridschicht strukturiert, indem durch RIE-Plasmaätzen (reactive ion etching, reaktives Ionenätzen) das Lacklayout in das Siliziumnitrid übertragen wird. Auch hier ist

2.3. Herstellung von Laserresonatoren

wiederum auf möglichst senkrechte Nitridkanten zu achten. Es hat sich gezeigt, dass der kritischste Parameter der Druck in der Ätzkammer ist, da dieser wesentlich die Anisotropie des Ätzangriffs beeinflusst. Ein geringerer Druck bedeutet einen höheren physischen Ätzbeitrag durch Sputtern, während bei hohen Drücken die Ionen weniger stark im elektrischen Feld beschleunigt werden und dadurch der chemische Anteil beim Ätzen dominiert. Ein hoher Sputteranteil erlaubt stark gerichtetes Ätzen, kann aber die Rauigkeit der Facette erhöhen, während beim chemischen Ätzen Effekte wie Tailing wahrscheinlicher sind. Die besten Ergebnisse wurden mit Drücken von rund 0,5 Pa erzielt.

Ein weiterer wichtiger Parameter ist die Gaszusammensetzung. Während das häufig verwendete Trifluormethan (CHF_3) zusammen mit Sauerstoff (O_2) zu glatten, aber geneigten Kanten führt, kann durch Schwefelhexafluorid (SF_6) mit Argonzusatz durch geeignete Drücke ein nahezu senkrechtes Ätzen des Siliziumnitrids erzielt werden (Abbildung 2.27).

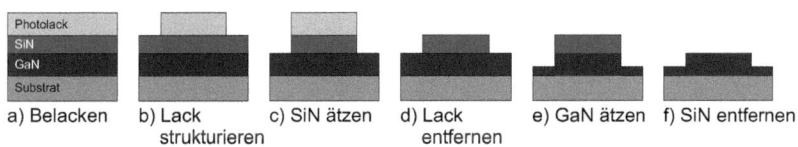

a) Belacken b) Lack strukturieren c) SiN ätzen d) Lack entfernen e) GaN ätzen f) SiN entfernen

Abbildung 2.26
Ätzschema für die trockenchemische Facettenstrukturierung: Lack strukturieren, Siliziumnitrid ätzen, Galliumnitrid ätzen

Im dritten Schritt wird die Laserfacette selbst geätzt, wofür zunächst der verbleibende Lack von der Oberfläche entfernt wird. Das Ätzen von InAlGaN ist aufgrund der hohen chemischen Beständigkeit anspruchsvoll und erfordert die Verwendung aggressiver Gase, wobei üblicherweise Chlor oder chlorhaltige Verbindungen benutzt werden. Darüber hinaus wird hier ein ICP-RIE-Ätzreaktor verwendet (inductively coupled plasma, induktiv gekoppeltes Plasma). Während bei der zur SiN-Strukturierung verwendeten RIE nur ein Hochfrequenzgenerator (HF) verwendet wird, der Plasmadichte, Ionisation und Spannung zwischen Probe und Antenne definiert (bias), gibt es in der ICP zwei HF-Generatoren. Einer ist wie in der RIE für die Ionisation des Plasmas zuständig und steuert die Plasmaleistung (chemischer Ätzangriff), während der zweite HF-Generator unabhängig davon die bias-Spannung zwischen Probe und Anode einstellen kann. Damit können der Sputteranteil beim Ätzen und die Anisotropie der elektrischen Feldverteilung definiert werden.

Abbildung 2.28 links zeigt einen Querschnitt durch die nichtpolare Facette einer Galliumnitridschicht auf polarem c-plane GaN. Auch hier ist der Druck ein wesentlicher Parameter, der die Steilheit der Facette beeinflusst. Im Gegensatz zu den gespaltenen Facetten lässt sich hier die Rauigkeit der Facette nicht mittels Rasterkraftmikroskopie (AFM) bestimmen, da der verbleibende Fuß bzw. das Substrat eine Annäherung der AFM-Spitze an die Facette verhindert. Man kann jedoch die Rauigkeit abschätzen, indem man die Laserschwelle einer solchen mittels Plasmaätzen erzeugten Facette bestimmt und sie mit der einer durch Spalten erzeugten Facette mit bekannter Rauigkeit vergleicht.

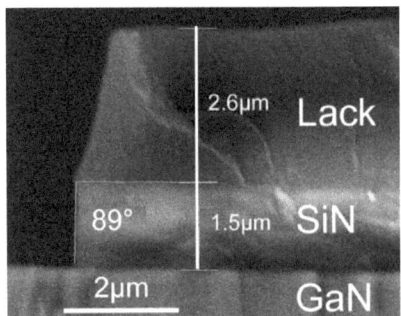

Abbildung 2.27
Die REM-Aufnahme zeigt senkrechte Siliziumnitridätzkanten mit verbleibendem Photolack, geätzt mit Schwefelhexafluorid

Abbildung 2.28 rechts zeigt die integrierte optische Ausgangsleistung eines optisch gepumpten c-plane-Lasers als Funktion der optischen Pumpleistung. Beide Laser sind auf dem gleichen Wafer gewachsen und haben somit die selbe epitaktische Struktur. Die Resonatorlänge

2.3. Herstellung von Laserresonatoren

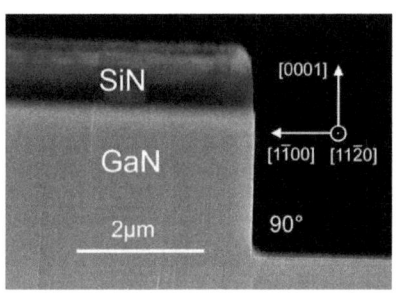
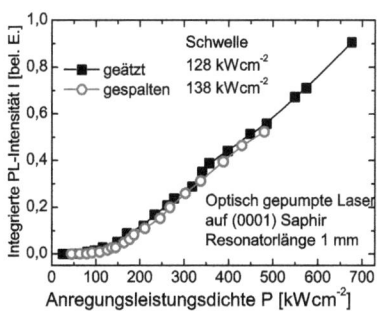

Abbildung 2.28
Links: REM-Aufnahme der GaN-Ätzkante mit Siliziumnitridmaske auf polarem c-plane GaN mit senkrechter Ätzkante, erzeugt durch chlorbasiertes Plasmaätzen in einem ICP-Reaktor,
Rechts: Schwellleistungsmessung für optisch gepumpte Laserstrukturen auf c-plane GaN. Die ähnliche Schwellleistungsdichte zeigt, dass die Facettengüte der gespaltenen und der geätzten Facette vergleichbar ist.

beträgt in beiden Fällen 1 mm. Wie man sieht, liegt die Laserschwelle bei etwa dem selben Wert, so dass man unter Berücksichtigung der Rauigkeitsergebnisse aus Abschnitt 2.3.3 darauf schließen kann, dass auch im Falle der geätzten Facette die Rauigkeit sehr gering ist.

Auch beim Plasmaätzen ist die Bindungskonfiguration des Kristalls und somit die Kristallorientierung zu berücksichtigen. Eine hohe Anisotropie beim Ätzen kann nur erfolgen, wenn entweder die Ätzrichtung wie im Falle der c-plane-Laser durch die geringe Bindungsenergie der zu ätzenden a- und m-Ebenen begünstigt wird (facettenabhängiger chemischer Ätzangriff) oder der physikalische Ätzangriff stark gerichtet ist, wie beispielsweise im Falle des Ionenstrahlätzens (siehe Abschnitt 2.3.6).

Ätzt man nun semipolare Facetten mittels Plasmaätzverfahren wie RIE und ICP-RIE, so ist beides nicht erfüllt. Im Falle der ICP-RIE kann jedoch durch den zusätzlichen Parameter des HF-bias die Feldverteilung im Plasma und somit die Richtung des Ätzangriffs beeinflusst werden. Darüber hinaus kann durch hohe bias-Spannungen bei kleinen Drücken der physikalische (und kristallrichtungsunabhängige) Sputterangriff erhöht werden.

In Abbildung 2.29 sind die Ätzflanken für semipolares (11$\bar{2}$2)-GaN gezeigt. Während die polare [1$\bar{1}$00] m-Richtung flache, jedoch mit etwa 83° geneigte Facetten aufweist, ist die semipolare [11$\bar{2}$3]-Facette zusätzlich gekrümmt (tailing), was durch die unterschiedliche Bindungsenergie der jeweiligen Kristallrichtung bedingt ist. Erhöht man nun die Spannung zwischen Plasma und Probe (bias) und damit die anisotrope Feldverteilung im Plasma sowie den physikalischen Sputterangriff, so kann das Tailing an der [11$\bar{2}$3]-Facette unterdrückt werden, ohne die Güte der [1$\bar{1}$00]-Facette zu beeinträchtigen.

2.3.5 Nasschemisches Ätzen

Das nasschemische Ätzen von Festkörpern unterscheidet sich gravierend vom trockenchemischen Ätzen. Insbesondere ist der Ätzangriff im Allgemeinen isotrop, so dass das Risiko der Unterätzung besteht und geätzte Strukturen verrunden können. Andererseits gibt es jedoch auch Kombinationen von Ätzlösung und zu ätzender Probe, die starke Anisotropien bezüglich der kristallographischen Bindungskonfiguration zeigen. Somit werden bestimmte Facetten mit geringer Bindungsenergie sowie lokale Störungen und Defekte bevorzugt angeätzt, was zur Ausbildung von definierten Facetten führt.

Aufgrund seiner hohen chemischen Stabilität ist GaN nur schwer nasschemisch zu strukturieren. Daher werden Ätzungen üblicherweise bei hohen Temperaturen durchgeführt. Ein Verfahren, um GaN zu strukturieren, ist das Ätzen in Kaliumhydroxidlösung (KOH). Während die Ätzrate bei Zimmertemperatur verschwindend gering ist, kann bei hohen Temperaturen ein Abtrag von mehreren Mikrometern pro Stunde erzielt werden [100]. Außerdem ist es möglich, die nichtpola-

2.3. Herstellung von Laserresonatoren

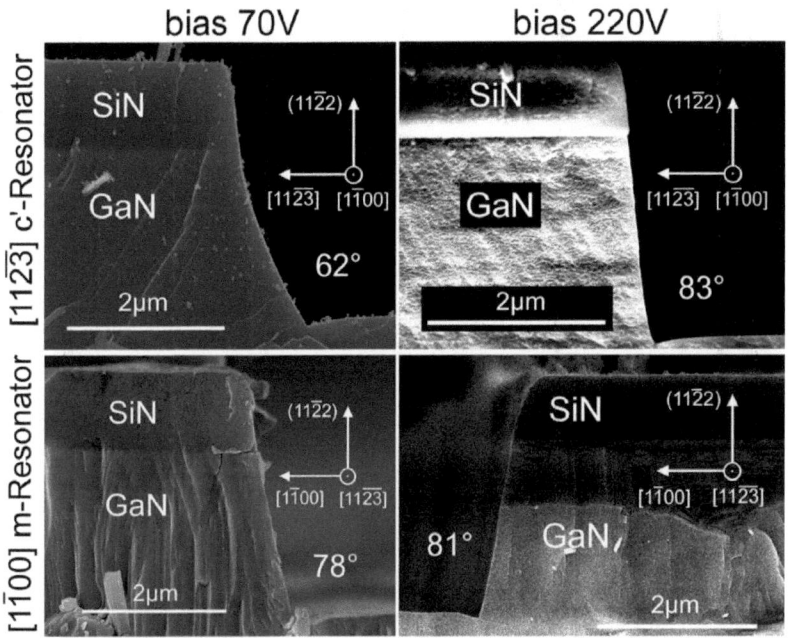

Abbildung 2.29
REM-Aufnahmen der plasmageätzten Facetten von semipolarem (11$\bar{2}$2)-GaN. m-Facetten sind flach, währen die semipolare [11$\bar{2}\bar{3}$]-Facette Tailing zeigt, das durch erhöhte bias-Spannungen unterdrückt werden kann.

re oder bestimmte semipolare Ätzfacetten hervorzubringen. Um hohe Prozesstemperaturen und somit hohe Ätzraten bei der Verwendung von KOH-Lösung zu erzielen, kann KOH nicht wie üblich in Wasser, sondern in Ethylenglycol ($C_2H_6O_2$, Ethan-1,2-diol) gelöst werden, wodurch der Siedepunkt steigt und Ätztemperaturen von über 150°C möglich werden.

Abbildung 2.30 zeigt die nichtpolare und die semipolare Laserfacette für die beiden Resonatoren auf semipolarem (11$\bar{2}$2)-GaN. Für die Ätzung wurde eine zuvor trockenchemisch bearbeitete Probe, wie in Abschnitt 2.3.4 beschrieben, verwendet. Die SiN-Schicht wird durch das KOH kaum angegriffen und wird daher benutzt, um die Oberfläche zu schützen. Dadurch ist ein Ätzangriff nur von der Seite möglich, was die Steilheit der Facette verbessert. Die Facettensteilheit kann so von 83° auf 87 – 90° gesteigert werden, wobei jedoch auch hier ein geringes Tailing zu beobachten ist. Ein Nachteil dieser Methode ist, das heißes KOH selektiv an Kristalldefekten ätzt [101], wodurch die Facettenoberfläche der hier verwendeten heteroepitaktisch auf m-plane Saphir gewachsenen GaN-Probe relativ rau wird. Da jedoch die für Laserstrukturen verwendeten bulk-GaN-Substrate eine wesentlich geringere Defektdichte aufweisen, wird erwartet, dass auch die Facettenrauigkeit stark reduziert sein sollte.

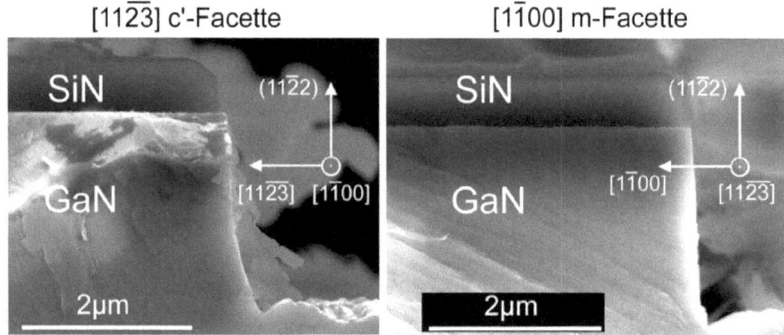

Abbildung 2.30
REM-Aufnahmen der mit heißem KOH nasschemisch nachbearbeiteten Facetten von semipolarem $(11\bar{2}2)$-GaN. Die Facettensteilheit wird auf 87 bis 90° gesteigert. Selektives Defektätzen erhöht die Rauigkeit.

2.3.6 Bearbeitung mit fokussiertem Ionenstrahlätzen (FIB)

Verwendet man einen fokussierten Ionenstrahl (focussed ion beam, FIB), um Material abzutragen, so kann man eine Probe submikrometergenau bearbeiten. Die Arbeitsweise einer FIB-Anlage

2.3. Herstellung von Laserresonatoren

ähnelt der eines Rasterelektronenmikroskops, wobei der Elektronenstrahl durch einen Ionenstrahl ersetzt ist. Die Ionen können durch ihre im Vergleich zu Elektronen deutlich höhere Masse Material aus der zu bearbeitenden Probe schlagen (sputtern), wodurch eine sehr präzise Strukturierung möglich ist. Da ein solches Vorgehen aufgrund der kleinen Fokusgröße und der geringen Abtragsraten sehr zeitaufwendig ist, werden bei der Facettenbearbeitung die Proben durch andere Verfahren vorstrukturiert.

Das Resultat einer Facettennachbearbeitung mittels FIB an einer gespaltenen Probe ist in Bild 2.31 gezeigt. Die Facette ist senkrecht und nahezu atomar glatt, wobei die kristallographische Ausrichtung der Facette im Gegensatz zu allen anderen hier gezeigten Verfahren keinen Einfluss auf die Qualität der erzeugten Facette hat. Obwohl das Ionenstrahlätzen damit die Anforderungen für die Erzeugung hochwertiger Laserfacetten am besten erfüllt, kann sie aufgrund der langen Bearbeitungszeit nur in Einzelfällen angewendet werde.

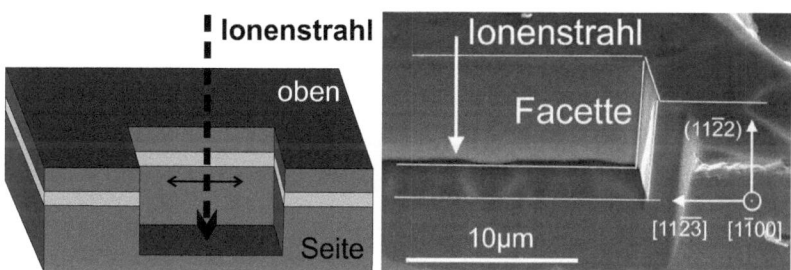

Abbildung 2.31
Prinzipbild und REM-Aufnahme einer mittels FIB nachbearbeiteten Laserfacette. Die Facette ist unabhängig von der Kristallorientierung glatt und senkrecht.

Zusammenfassung

In ersten Abschnitt dieses Kapitels wurde die **Technologie zur Prozessierung von elektrooptischen Bauelementen** diskutiert. Das photolithographische Verfahren zur Strukturierung von Halbleiterproben sowie spezielle Vorgehensweisen wie die Strukturierung von Metallkontakten mittels Lift-Off oder nasschemischer Strukturierung wurden erklärt. Ein besonderer Aspekt bei der Prozessierung nicht- und semipolarer Proben, nämlich die sehr geringe Größe der erhältlichen bulk-Substrate, macht das „mounten" auf Fremdsubstraten nötig. Dabei wurden organische, nicht permanente Kleber wie BCB und Photolack verwendet.

Im zweiten Abschnitt wurde die **Physik des Metall-Halbleiterkontakts auf semipolarem und polarem p-GaN** untersucht. Die Erzeugung von Metall-Halbleiterkontakten mit einem niedrigen spezifischen Kontaktwiderstand ist von großer Bedeutung für die Herstellung leistungsfähiger elektrooptischer Bauelemente. Im Nitridsystem ergibt sich dabei aufgrund der großen Bandlücke und der hohen Elektronenaffinität das Problem, dass kein Metall mit einer hinreichend großen Austrittsarbeit existiert, um einen rein ohmschen p-Kontakt zu erzeugen, so dass Kontakte im Allgemeinen ein gleichrichtendes Schottkyverhalten zeigen.

Hinzu kommt, dass in der Praxis die Halbleiteroberflächen oxidiert sind, was zu einer Erhöhung der Barriere sowie zum pinning der Fermienergie an den Oberflächen führt.

Durch die Erzeugung eines Tunnelkontaktes ist dennoch ein ohmsches Verhalten möglich. Dazu muss nahe der Oberfläche eine sehr hohe Akzeptorenkonzentration vorliegen, was jedoch aufgrund der großen Aktivierungsenergie der Magnesiumatome im III-N-System schwierig ist. Verschiedene Technologien zum Erreichen geringer Kontaktwiderstände wurden diskutiert und erprobt. Dazu gehört die Ausnut-

2.3. Herstellung von Laserresonatoren

zung der Polarisationsfelder zur Erzeugung eines zweidimensionalen Lochgases nahe der Oberfläche, was jedoch nur im polaren System erfolgversprechend ist.

Im Fokus der Arbeit standen grundlegende vergleichende Untersuchung von Kontakten auf semipolarem p-GaN. Dazu wurde neben der nasschemischen Vorbehandlung zur Entfernung von Oxidschichten insbesondere die Auswirkung der verwendeten Kontaktmetallisierung auf den spezifischen Kontaktwiderstand untersucht. Der Einfluss der thermischen Formierung und insbesondere der Formierungstemperatur wurde separat für die jeweiligen Metalle auf heteroepitaktisch gewachsenem (0001) und (11$\bar{2}$2) sowie auf semipolarem homoepitaktisch gewachsenen p-GaN analysiert.

Die Prozessentwicklung zur Entfernung der Oberflächenoxide wurde anhand von n-GaN auf (0001) Saphir durchgeführt und es wurden Kontaktwiderstände von $10^{-4}\,\Omega\text{cm}^2$ erreicht. Für die Oxidentfernung auf (0001) und (11$\bar{2}$2) p-GaN wurden HCl, H_2SO_4 und KOH verglichen. Die Kontakteigenschaften verbesserten sich deutlich gegenüber unbehandelten Proben, wobei zwischen den verwendeten Ätzlösungen kein signifikanter Unterschied besteht.

Die optimalen Formierungsbedingungen für die untersuchten Metallsysteme NiAu, Pd und PdAgAu unterscheiden sich erheblich. So müssen Palladiumkontakte bei 450-500 °C unter Stickstoffatmosphäre formiert werden, während Nickel-Gold-Kontakte unter Sauerstofffluss bei 450 °C zu Nickeloxid-Gold oxidiert werden müssen. Zur Erzeugung ohmscher Kontakte muss Palladium-Silber-Gold bei deutlich höheren Temperaturen von 800-900 °C legiert werden.

Die optimalen Formierungsbedingungen des jeweiligen Metallsystems sowie die erzielbare Reduktion des Kontaktwiderstands im Vergleich zur unformierten Probe unterscheiden sich leicht für semipolares und polares p-GaN. Dies ist hauptsächlich auf die deutlich höhere Rauigkeit der semipolaren Oberflächen zurückzuführen.

Die erzielbaren Kontaktwiderstände liegen für alle Metalle auf der jeweiligen Orientierung im gleichen Bereich. Der Kontaktwiderstand auf der ($11\bar{2}2$)-Oberfläche ist jedoch stets um einen Faktor 10 höher als der auf der (0001)-Ebene.

Durch die Analyse des Schichtwiderstands und Untersuchungen mittels SIMS- und Hall-Messungen konnte gezeigt werden, dass diese Unterschiede nicht auf eine unterschiedliche p-Dotierung des GaNs zurückzuführen sind. Um Einflüsse durch die Oberflächenrauigkeit sowie die Defektdichte auszuschließen, wurden NiAu-Kontakte auf semipolarem homoepitaktischen ($10\bar{1}1$)-, ($20\bar{2}1$)- und ($10\bar{1}0$)-p-GaN untersucht und mit Kontakten auf heteroepitaktschem (0001) p-GaN verglichen. Die Kontakte auf defektarmem homoepitaktischen p-GaN zeigten ähnliche Widerstände wie die Kontakte auf heteroepitaktischem ($11\bar{2}2$)-p-GaN. Auch hier war der Kontaktwiderstand um eine Größenordnung höher als auf heteroepitaktischem (0001) p-GaN.

Die wahrscheinlichste Ursache für die großen Unterschiede ist eine veränderte Oberflächenbindungskonfiguration der semipolaren Ebenen. Diese führt vermutlich zu einem gegenüber der c-Ebene verstärkten Fermi-pinning und somit zu einer Erhöhung der effektiven Barriere am Metall-Halbleiterübergang, die sich in einem erhöhten Kontaktwiderstand äußert.

Bei der Betrachtung des stromdichteabhängigen Kontaktwiderstandes zeigt sich für alle untersuchten p-Kontakte eine exponentielle Abnahme des Widerstandes mit zunehmender Stromdichte. Dabei verringert sich mit zunehmender Spannung am Kontakt die Höhe und die effektive Dicke der Schottkybarriere, wodurch der Einfluss der Barriere auf den Kontaktwiderstand sinkt. Somit wird der Unterschied zwischen den Kontakten auf der c-Ebene und auf semipolaren Orientierungen bei hohen Stromdichten kleiner.

Bei für Laserdioden typischen Stromdichten von $10\,\mathrm{kAcm^{-2}}$ haben die Kontakte auf heteroepitaktischem (0001) und ($11\bar{2}2$) p-GaN sowie auf semipolarem homoepitaktischem p-GaN Kontaktwiderstände von 2×10^{-4} bis $1 \times 10^{-3}\,\Omega\text{cm}^2$, was für den Betrieb eines Lasers ausreichend ist

Im dritten Abschnitt wurde die Vorgehensweise zur **Erzeugung hochqualitativer Laserfacetten** erläutert, wobei ein besonderes Augenmerk auf der Richtungsabhängigkeit des Resonators lag. Während für Laserresonatoren auf nichtpolaren, semipolaren und polaren Ebenen entlang der a- oder m-Richtung niedrig indizierte und somit zum Spalten geeignete Ebenen existieren, ist dies für die c'-Richtung in semipolaren Proben aufgrund der Wurtzitstruktur des III-N-Systems nicht der Fall, so dass das Spalten und Ätzen dieser Facetten eine besondere Herausforderung darstellt. Mittels Wellenleitersimulationen konnte gezeigt werden, dass unter Berücksichtigung der Modenführung die effektive Reflektivität einer Laserfacette mit einem Facettenwinkel von weniger als 85° bereits auf die Hälfte des Maximums abgesunken ist, was enge Begrenzungen für die erlaubte Neigung der Laserfacetten setzt.

Mithilfe des laserunterstützten Ritzens und Brechens können nichtpolare und polare Ebenen mit 90° Facettenwinkel und einer Rauigkeit von weniger als 1 nm erzeugt werden. Die Facetten von c'-Laserresonatoren, die mit diesem Verfahren erzeugt wurden, sind geneigt und weisen im Falle der a-artigen Facette des [11$\bar{2}$3]-Resonators auf der (11$\bar{2}$2)-Ebene zusätzlich zwei unterschiedliche makroskopische Spaltebenen auf. Dadurch können semipolare c'-Resonatoren auf dieser Ebene nicht durch Spalten erzeugt werden.

Mit Hilfe des trockenchemischen Ätzens lassen sich auf der c-Ebene senkrechte Laserfacetten erzeugen, deren Rauigkeit vergleichbar zu der von gespaltenen m-Ebenen ist. Die c'-Facette einer (11$\bar{2}$2)-Probe dagegen ist geneigt und zeigt zusätzlich eine Verkrümmung, die jedoch durch höhere Spannungen beim Ätzen entfernt werden kann. Durch die höhere Spannung erhöht sich der physikalische Anteil der Ätzung, der stärker anisotrop bezüglich der Maskierung ist. Facettenwinkel bis 83° konnten hier erzeugt werden. Mit Hilfe der nasschemischen Behandlung in heißem Kaliumhydroxid kann die Facettenneigung trockenchemisch erzeugter Facetten bis auf 90° erhöht werden, wobei jedoch die Rauigkeit steigt. Mittels fokussiertem Ionenstrahlätzen (FIB) schließlich ist es möglich, Facetten für beliebige Resonatororientierungen mit perfekt senkrechten und sehr glatten Oberflächen zu erzeugen.

3 Semipolare und nichtpolare InGaN-LEDs und Laser

Nachdem im vorangegangenen Kapitel Verfahren zur Prozessierung von GaN-basierten Lichtemittern vorgestellt und Aspekte der Kontakt- und Facettenherstellung diskutiert wurden, sollen in diesem Kapitel die Eigenschaften komplexer Bauelemente wie Leuchtdioden (LEDs) und Halbleiterlaser betrachtet werden.
Im ersten Abschnitt werden LEDs auf semipolaren und polaren Oberflächen betrachtet. Verschiedene Designs und Kristallorientierungen werden vorgestellt und Charakteristika wie die Emissionswellenlänge, die Linienbreite und der Einfluss der verwendeten Kristallorientierung werden untersucht.
Der zweite Abschnitt beschäftigt sich mit der Optimierung von Laserstrukturen auf semipolaren Orientierungen. Dabei wird zunächst der Einfluss der Kristallorientierung auf die Oberflächenmorphologie und die Laserschwelle der untersuchten Proben diskutiert. Im Anschluss wird durch Simulationen und Experimente der Einfluss der Schichtstruktur und hier insbesondere des Wellenleiterdesigns auf das optische Confinement und die Laserschwelle untersucht.

3.1 Leuchtdioden

In diesem Abschnitt werden Eigenschaften von Leuchtdioden auf verschiedenen Kristallorientierungen diskutiert. Neben grundlegen-

Kapitel 3. Semipolare und nichtpolare InGaN-LEDs und Laser

den Parametern wie der Betriebsspannung, der optischen Ausgangsleistung und der Wellenlänge gehören hierzu insbesondere spektrale Parameter wie die Halbwertsbreite der Emission, die spektrale Verschiebung sowie die optische Polarisation des emittierten Lichts. Die spektralen Eigenschaften geben Auskunft über die Materialqualität im Quantenfilm und werden durch Fluktuation im Indiumgehalt oder die Oberflächenmorphologie der Probe beeinflusst.

Ein Teil der untersuchten Leuchtdioden diente parallel zur Untersuchung der Elektrolumineszenz in InGaN-LEDs auch zur Bestimmung der internen Polarisationsfelder. Für deren Bestimmung, die im Kapitel 4.2 betrachtet wird, wurden zwei Serien von Leuchtdioden untersucht, die sich grundlegend unterscheiden. Die erste Serie (LED1) verfügt über ein Design, das sich am Standard für effiziente Lichtemitter orientiert (Abbildung 3.1 links). Auf die n-GaN-Seite folgt hier die aktive Zone bestehend aus einem Einfach-InGaN-Quantenfilm (SQW), umgeben von InGaN-Barrieren. Eine p-dotierte AlGaN:Mg-Schicht wirkt als Elektronenbarriere (EBL) und erhöht die Effizienz des Bauelements. Eine GaN:Mg-Schicht schließt die Struktur ab. Dieses Design mit InGaN-Barrieren wurde für Lichtemitter auf der c-Ebene entwickelt und eignet sich gut für effiziente LEDs, weshalb es auch für die semipolaren LEDs und Laser als Ausgangspunkt Verwendung findet. Der EBL verhindert ein Diffundieren von Elektronen ins p-Gebiet, wodurch unerwünschte Ladungsträgerrekombinationen außerhalb der aktiven Zone minimiert werden.

Für die Bestimmung der Polarisationsfelder muss dagegen die Struktur so einfach wie möglich gehalten werden, da an jedem Heteroübergang zusätzliche, teilweise entgegengerichtete Felder entstehen. Daher wurde in einer zweiten Serie (LED2) eine LED-Struktur mit InGaN-Dreifachquantenfilm (MQW), GaN-Barrieren und ohne EBL gewachsen.

3.1. Leuchtdioden

Da die Proben für die Messmethode der Transmissionsspektroskopie transparent sein müssen, wurde ein Design mit Vorderseitenkontakten gewählt. Der p-Kontakt besteht aus einer sehr dünnen NiAu-Schicht mit je 10 nm Schichtdicke, der gemäß der Ergebnisse aus Abschnitt 2.2 in einem RTA-Ofen zu nahezu transparentem NiOAu oxidiert wurde. Die Einzelheiten zum NiAu p-Kontakt sind in Kapitel 2.2.6 beschrieben. Um eine gleichmäßige laterale Feldverteilung im Quantenfilm zu gewährleisten, wurde ein gitterförmiger Verstärkungskontakt aus 300 nm dickem Gold aufgebracht. Ein typischer, mit einem Bonddraht versehener Kontakt ist in Abbildung 3.1 rechts gezeigt.

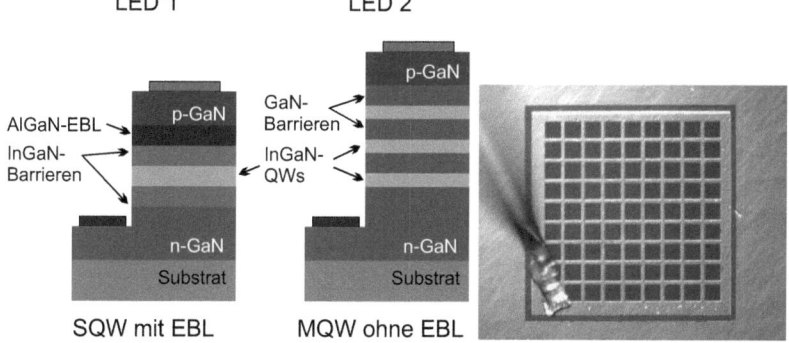

Abbildung 3.1
Links: Epitaxiestruktur zweier LEDs mit und ohne EBL.
Rechts: Photographie des semitransparenten NiAu-Au-Gitterkontakts für die Transmissionsmessung an LEDs, Kantenlänge 300 μm

Die Standard-LEDs auf semipolarem $(20\bar{2}1)$ und $(10\bar{1}1)$ GaN zeigen Emission über einen weiten Wellenlängenbereich vom Nah-UV bis ins Grün-Gelbliche. Eine zunehmende Wellenlänge wird dabei stets von einer Zunahme der Linienbreite begleitet (siehe Abbildung 3.2). Diese ist durch die in Abschnitt 1.5 beschriebenen Indiumfluktuationen bedingt und führt im Falle der Transmissionsspektroskopie zu einer Verbreiterung der Absorptionskante, was die Interpretation der Ergebnisse erschwert.

Kapitel 3. Semipolare und nichtpolare InGaN-LEDs und Laser

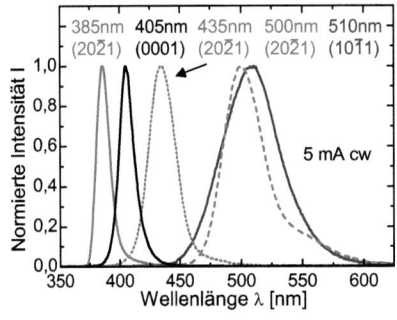

Abbildung 3.2
Die Spektren von LEDs auf semipolarem (10$\bar{1}$1)- und (20$\bar{2}$1)-GaN zeigen eine zunehmende Linienverbreiterung mit erhöhtem Indiumgehalt.

Das Spektrum der LED auf (10$\bar{1}$1) zeigt eine große Halbwertsbreite, die durch morphologiebedingte Indium- und Quantenfilmdickenfluktuationen verursacht wird. Im Detailbild der LEDs (Abbildung 3.3) erkennt man bei den (20$\bar{2}$1)-Wafern eine homogene Helligkeits- und Farbverteilung, während die rechts gezeigte (10$\bar{1}$1)-Struktur Bereiche mit blauer und grüner Lumineszenz zeigt. Im oberen rechten Bereich ist deutlich eine Struktur zu erkennen, die wegen ihrer charakteristischen Form als Bügeleisenstruktur bezeichnet wird [102]. Dabei handelt es sich um eine Morphologiestörung, die sich vermutlich um eine Schraubenversetzung bildet. Die Wachstumsrate sowie der Indiumeinbau unterscheiden sich für die Oberseite und die Kanten der Struktur, wodurch die im Spektrum sowie in der Abbildung gezeigten Helligkeits- und Farbvariationen entstehen. Eine genauere Analyse einer solchen Bügeleisenstruktur durch Mikro-PL-Messungen (µ-PL) zeigt eine erhebliche Verschiebung der Wellenlänge an den Seitenkanten im Vergleich zur Deckfläche (siehe Abbildung 3.4). Eine solche Struktur ist somit für eine Transmissionsmessung nicht verwendbar.

Die Spannungs- und Leistungskurven der Standard-LEDs sind in Abbildung 3.5 gezeigt. Sie geben über die Effizienz der LEDs mit EBL (LED1) und damit über Rekombinationseffizienzen, Injektionseffizienzen und über die UI-Kennlinie auch über die Güte der Kontakte Auskunft. Während die Leistungsparameter in erster Linie ein Indikator für die Qualität der aktiven Zone sind und im Falle der in Kapitel

3.1. Leuchtdioden

Abbildung 3.3
Lichtmikroskopiebild von semipolaren LEDs mit $300 \times 300 \mu m^2$ großen semitransparenten p-Kontakten. LEDs auf $(20\bar{2}1)$ (links 435 nm, Mitte 500 nm) sind homogen, während die LED auf $(10\bar{1}1)$ (rechts, etwa 500 nm) Bügeleisenstrukturen zeigt. Bilder durch L. Schade

4.2 beschriebenen Transmissionsmessung Rückschlüsse auf die Quantenfilmgüte erlauben, ist die UI-Charakteristik wichtig, um einen zweiten unerwünschten Potentialwall am p-Kontakt auszuschließen. Dieser würde ein zweites eingebautes Potential V_{bi} erzeugen und somit die Auswertung der internen Polarisationsfelder verfälschen.

Aus den PUI-Kurven kann man schließen, dass trotz der erwarteten geringeren Polarisationsfelder und der daraus resultierenden Rekombinationseffizienzen der semipolaren Leuchtdioden deren Leistung hinter der polaren (0001)-LED zurückbleibt. Dies ist umso gravierender, da die semipolaren Proben homoepitaktisch auf defektreduzierten bulk-Substraten gewachsen wurden, während die c-plane LED heteroepitaktisch auf Saphir gewachsen wurde, was eine um mehrere Größenordnungen erhöhte Defektdichte erwarten lässt. Aus Photolumineszenzmessungen durch Carsten Netzel (FBH Berlin) an Quantenfilmen wurde jedoch eine interne Quanteneffizienz bestimmt, die höher als die vergleichbarer c-plane-Quantenfilme liegt [103]. Daraus kann der Schluss gezogen werden, dass bei den semipolaren Proben die In-

Kapitel 3. Semipolare und nichtpolare InGaN-LEDs und Laser

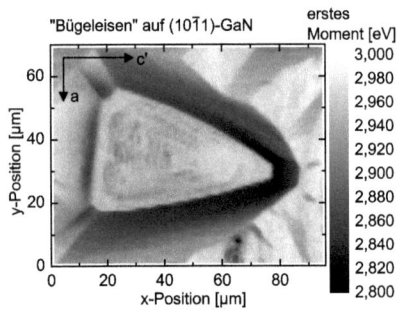

Abbildung 3.4
Die Mikro-PL-Messung an einer Bügeleisenstruktur auf $(10\bar{1}1)$-GaN zeigt einen starke Abhängigkeit der Emissionswellenlänge von der Position. Messung durch L. Schade

jektionseffizienz in die Quantenfilme niedriger als auf der c-Ebene ist. Dies liegt hier jedoch nicht an physikalischen Effekten, sondern ist eine Folge der geringen Optimierung der EBL-Struktur und möglicherweise der p-Dotierung bei den semipolaren LEDs.

In Abbildung 3.5 rechts ist die Abhängigkeit der Emissionswellenlänge vom Injektionsstrom dargestellt. Die Blauverschiebung fällt umso gravierender aus, je größer der Indiumgehalt der aktiven Zone und somit die Emissionswellenlänge ist. In Abbildung 3.6 sind zusätzlich Photographien semipolarer $(20\bar{2}1)$ LEDs bei unterschiedlichen Strömen gezeigt. Die Emission verschiebt sich von gelb über grün bis in den cyan-Bereich. Im Fall der $(20\bar{2}1)$-Probe ist ein sprunghafter Übergang der Peakwellenlänge zu beobachten. Hier gibt es offenbar zwei Hauptwellenlängen, wobei die höherenergetische bei hohen Strömen dominiert.

Für diese Blauverschiebung kommen drei Prozesse infrage, die in Abbildung 3.7 schematisch dargestellt sind:

- Durch injizierte Ladungsträger können Polarisationsfelder abgeschirmt werden, wodurch die effektive Bandlücke steigt. Dieser Effekt sollte bei den polaren LEDs dominieren, da hier die internen Felder maximal sind. Bei semipolaren Proben sollte die Abschirmung dagegen zu vernachlässigen sein.

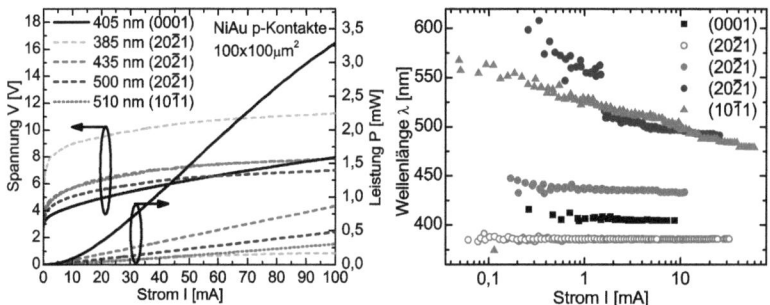

Abbildung 3.5
Links: Die Leistung der c-plane-Probe ist höher als die der semipolaren Proben.
Rechts: Die Wellenlänge zeigt eine starke Blauverschiebung mit erhöhtem Strom, eine $(20\bar{2}1)$-Probe hat einen Doppelpeak.

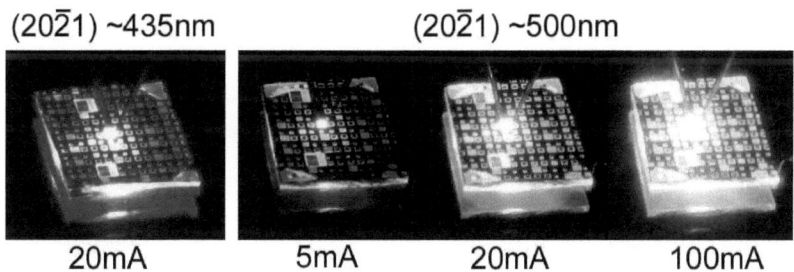

Abbildung 3.6
Photographie von zwei LEDs auf semipolarem $(20\bar{2}1)$-GaN. Links: 435 nm bei 20 mA. Rechts: Durch Erhöhung des Stroms von 5 auf 20 und 100 mA ergibt sich eine starke Blauverschiebung von 580 auf 490 nm

Kapitel 3. Semipolare und nichtpolare InGaN-LEDs und Laser

- Mit zunehmendem Ladungsträgerzufluss werden die Bänder oder Quantenfilmniveaus aufgefüllt. Dies führt zu einer Zunahme der Wahrscheinlichkeit für strahlende Übergänge, die nicht vom Grundniveau, sondern von höheren Niveaus ausgehen und somit eine höhere Übergangsenergie haben. Da jedoch die Ladungsträgerdichten bei 100 mA und $300 \times 300 \mu m^2$ großen Kontakten verhältnismäßig gering sind, sollte auch dieser Effekt (anders als in Lasern) nur eine geringe Rolle spielen.

- Die im III-N-System stets vorhandenen Indiumfluktuationen und Inhomogenitäten führen zu einer starken lokalen Variation der Bandlücke. Wird nun der Stromfluss in ein solches Bauelement erhöht, so werden die niederenergetischen Zustände zuerst gefüllt und führen zu einer rotverschobenen Emission im Vergleich zu einem homogenen Quantenfilm mit gleicher Dicke und gleichem Indiumgehalt. Da die Zustandsdichte in den Potentialminima klein ist, werden bei zunehmendem Strom auch Übergänge aus höheren Energiebereichen wahrscheinlich, was die beobachtete Blauverschiebung erklärt. Während auf c-plane Proben das Abschirmen der Polarisationsfelder bei geringen Ladungsträgerdichten dominiert [104], ist das Auffüllen niederenergetischer Zustände bei höheren Ladungsträgerkonzentrationen und insbesondere bei semipolaren Proben der dominierende Effekt.

Um weitere Aufschlüsse über die Qualität der Quantenfilme zu bekommen, wurden die LEDs mittels Photostrommessungen untersucht. Dazu wird monochromatisches Licht auf die transparenten p-Kontakte gestrahlt, während über die Kontakte mittels eines Picoampèremeters der Strom der photogenerierten Ladungsträger in Abhängigkeit der eingestrahlten Wellenlänge gemessen wird (Abbildung 3.8). Im Gegensatz zur Photo- oder Elektrolumineszenz, bei der immer die energe-

3.1. Leuchtdioden

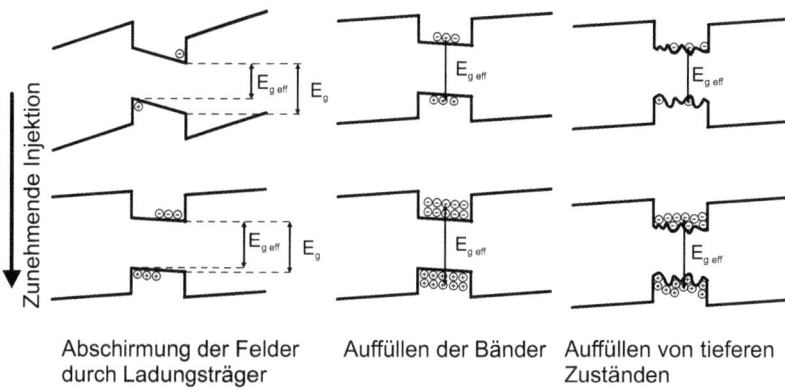

Abbildung 3.7
Mögliche Ursachen für die Blauverschiebung mit zunehmender Strominjektion in nitridbasierten Lichtemittern.

tisch niedrigsten Zustände das Spektrum beeinflussen, kann mit dieser Methode eine genauere Aussage über die hochenergetische Bandkante getroffen werden. Dies erlaubt genauere Aussagen über die Güte der für die Feldbestimmung wichtige Absorptionskante.

Der Vergleich der Methoden in Abbildung 3.8 zeigt deutlich den Unterschied: Das Elektrolumineszenzspektrum (links) zeigt für alle vier Proben nahezu die selbe volle Halbwertsbreite (full width half maximum, FWHM), wodurch auf eine ähnliche Quantenfilmqualität geschlossen werden könnte. Das über die Emission der Lampe normierte Photostromspektrum der für die Transmissionsmessungen optimierten Proben ohne EBL (Typ LED2) ist in der gleichen Abbildung rechts gezeigt. Die polare (0001)-LED zeigt ein Spektrum mit zwei scharfen Kanten, die aufgrund des Saphirsubstrats von Fabry-Perot-Oszillationen überlagert ist. Unterhalb von 365 nm Wellenlänge, der GaN-Bandkante, wird das Anregungslicht aufgrund der hohen Absorption bereits im p-GaN absorbiert und erzeugt nahezu keinen Photostrom. Für größere Wellenlängen sind die n- und p-Seite aus dotiertem GaN transparent, und Photonen, die in der aktiven Zone absorbiert werden, führen zu einem Photostrom. Unterhalb der Absorptionskante der InGaN-Quantenfilme werden keine Photonen mehr absorbiert und der Photostrom verschwindet.

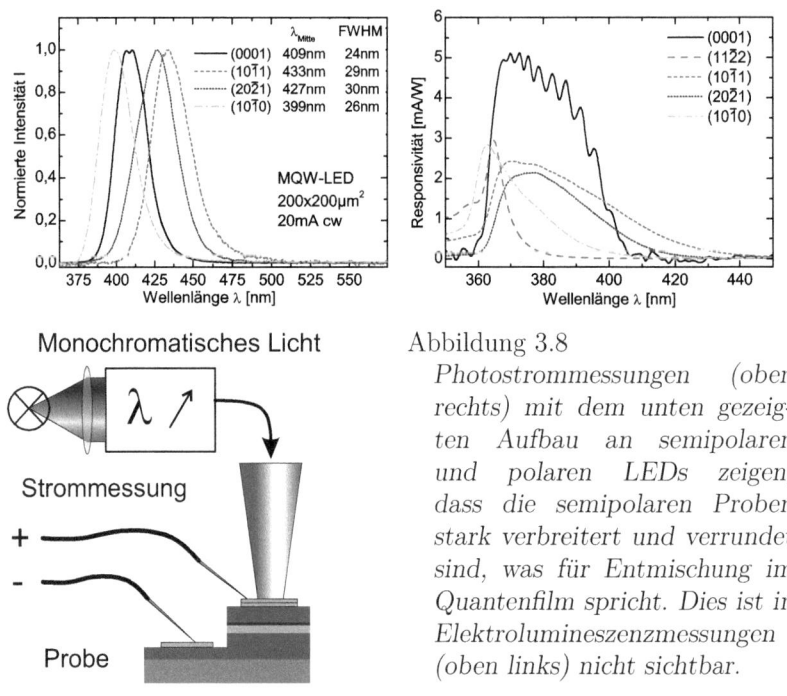

Abbildung 3.8
Photostrommessungen (oben rechts) mit dem unten gezeigten Aufbau an semipolaren und polaren LEDs zeigen, dass die semipolaren Proben stark verbreitert und verrundet sind, was für Entmischung im Quantenfilm spricht. Dies ist in Elektrolumineszenzmessungen (oben links) nicht sichtbar.

Bei den semipolaren Proben ist die Sensitivität geringer und insbesondere die InGaN-Kante ist erheblich verbreitert, wobei im Falle der ($11\bar{2}2$)-Probe aufgrund von Epitaxieproblemen praktisch kein InGaN-Peak zu sehen ist. Die Sensitivität wird unter anderem durch die Lebensdauer der Ladungsträger und durch die Fähigkeit der Diode, diese über das eingebaute Diodenpotential V_{bi} zu trennen, beeinflusst. Somit kann neben der in semipolaren Proben verringerten Lebensdauer und somit dem Ladungsträgerverlust durch strahlende Rekombination auch eine veränderte Dotierung die Unterschiede in der Sensitivität hervorrufen.

Der lange Ausläufer in Richtung der größeren Wellenlängen zeigt, dass es erhebliche Indiumfluktuationen in den Quantenfilmen sowie möglicherweise eine Dickenfluktuation der Quantenfilme gibt, die in der Elektrolumineszenz nicht beobachtet wurde, da das Spektrum durch die niederenergetischen Zustände dominiert wird. Die besten Ergebnisse ergeben sich für die Proben auf der $(20\bar{2}1)$- und der $(10\bar{1}1)$-Ebene (die im Falle der optimierten EBL-freien Struktur keine „Bügeleisen" zeigt).

Durch polarisationsabhängige Messungen der Elektrolumineszenz von LEDs auf der $(20\bar{2}1)$- und der $(10\bar{1}0)$-Ebene wurde nachgewiesen, dass das spontan emittierte Licht polarisiert ist. Der Grund hierfür ist in der Veränderung der Valenzsubbandstruktur semipolarer Proben im Vergleich zu polaren Proben zu suchen. Dieser Aspekt wird in Kapitel 4.1 näher analysiert, wobei dort der Fokus auf Messungen durch Photolumineszenz anstelle von Elektrolumineszenz liegt.

3.2 Halbleiterlaser

Bei der Herstellung von Halbleiterlasern auf semipolarem oder nichtpolarem GaN sind mehrere Parameter zu beachten, die sich zum Teil gegenseitig beeinflussen und gemeinsam für die Realisierung eines effizienten Bauelements von großer Wichtigkeit sind. Die Wahl der verwendeten Kristallorientierung beeinflusst die Oberflächenmorphologie und -rauigkeit, die Effizienz des Indiumeinbaus, die inhomogene Verbreiterung und die Stärke der internen Polarisationsfelder. Bei der Wahl der Resonatororientierung muss sowohl die Herstellung der Laserfacetten (Kapitel 2.3) als auch der richtungsabhängige Gewinn (Kapitel 4.1.3) betrachtet werden.

Darüber hinaus soll hier auch das Design des Wellenleiters analysiert und für einen Laser mit Emissionswellenlängen im violetten bis blauen Spektralbereich optimiert werden.

3.2.1 Einfluss der Kristallorientierung

Die Wahl der semipolaren Wachstumsebene beeinflusst nicht nur die Stärke und Richtung der Polarisationsfelder, sondern ist bei der Epitaxie auch entscheidend für Parameter wie Indiumeinbau, Wachstumsrate und die entstehende Oberflächenqualität. Während die erstgenannten Merkmale epitaktische Aspekte behandeln und deshalb hier nicht diskutiert werden sollen, ist der Aspekt der Rauigkeit der Schichten auch für das Design des Wellenleiters wichtig und soll daher hier kurz behandelt werden. Optisch pumpbare Laserstrukturen mit einer unteren AlGaN-Mantelschicht, GaN-Wellenleiterschichten, einer aktiven Zone aus InGaN und einer AlGaN-Deckschicht (Design b in Abbildung 3.9) wurden auf verschiedenen Kristallorientierungen hergestellt. Die Interferenzkontrastaufnahmen in Abbildung 3.10 zeigen die Oberflächenmorphologie von verschiedenen semipolaren Oberflächen nach

3.2. Halbleiterlaser

dem Überwachsen mit kompletten Laserstrukturen mit AlGaN-GaN-Wellenleiterstruktur.

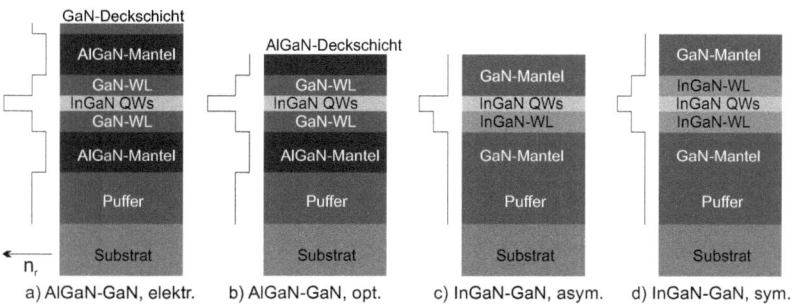

Abbildung 3.9
Vergleich verschiedener in dieser Arbeit untersuchter Wellenleiterstrukturen für elektrisch und optisch gepumpte Laser sowie deren Brechungsindexprofil n_r.

Während die semipolare (11$\bar{2}$2)-Ebene sehr glatte Schichten mit geringen Wellenlängen- und Intensitätsvariationen erlaubt (Abbildung 3.10a), können sich auf der (10$\bar{1}$1)-Ebene charakteristische Strukturen um Schraubenversetzungen bilden, die aufgrund ihrer Form als Bügeleisenstrukturen bezeichnet wurden (Abbildung 3.10b), [102]. Sowohl die Wachstumsrate (und folglich die Quantenfilmdicke) als auch der Indiumeinbau sind bei diesen Strukturen stark ortsabhängig, was auch in Abbildung 3.3 deutlich durch die unterschiedliche Emissionswellenlänge zu erkennen ist. Durch geeignete Wachstumsparameter lassen sich diese reduzieren, jedoch ist die Morphologie stets rauer als bei der (11$\bar{2}$2)-Oberfläche. Bei der (10$\bar{1}$0)-Oberfläche treten große flache Pyramiden mit rechteckiger Grundfläche auf (Abbildung 3.10c). Diese können beseitigt werden, indem Substrate mit einer geringen Fehlorientierung (off-cut, beispielsweise $-1°$) verwendet werden [105].

An Heteroübergängen wie beispielsweise dem AlGaN-GaN-Übergang zwischen Mantelschicht und Wellenleiter oder dem GaN-InGaN-Übergang zwischen Wellenleiter und aktiver Zone kommt es aufgrund der unterschiedlichen Gitterkonstante zu erheblichen Verspannungen.

Kapitel 3. Semipolare und nichtpolare InGaN-LEDs und Laser

Die bevorzugte Methode zum Verspannungsabbau ist das basale Gleiten von Versetzungen entlang der c-Ebene mit dem Burgersvektor $b = \frac{a}{3}[\bar{1}\bar{1}20]$. Dieser Defekt wird als Gitterfehlanpassungs-Versetzung (misfit dislocation) bezeichnet. Der Gleitprozess ist jedoch aus geometrischen Gründen nur bei semipolaren Proben möglich, während bei polaren und nichtpolaren Strukturen andere Effekte zum Abbau von Verspannungen auftreten.

Da nur durch Bildung einer Versetzung vom a-Typ die Verspannung beim Gleiten abgebaut wird, führt auf semipolaren Ebenen die Bildung einer misfit dislocation zu einer Verkippung der Schichten zueinander [106]. So kommt es bei den häufig benutzten $(11\bar{2}2)$- und $(20\bar{2}1)$-Ebenen aufgrund der geringen kritischen Schichtdicke schon bei verhältnismäßig dünnen AlGaN-Mantelschichten ($< 1\mu m$) zu einer Fehlorientierung der Mantelschicht gegenüber dem Substrat beziehungsweise dem GaN-Wellenleiter [107], wodurch zahlreiche Defekte am Übergang zum Wellenleiter entstehen und sowohl die Wellenleitung als auch die Quantenfilmqualität negativ beeinflusst werden. Die in Kapitel 1.7 beschriebenen Ergebnisse grüner Laser auf der $(20\bar{2}1)$-Orientierung beruhen mehrheitlich auf Designs mit GaN-Mantelschichten und InGaN-Wellenleitern, wodurch das Problem der Versetzungsbildung reduziert wird. Dieses Design führt, wie bereits oben beschrieben, zu neuen Herausforderungen wie beispielsweise dem Wachstum von p-dotiertem InGaN.

In Tabelle 3.1 sowie in Abbildung 4.6 ist die Laserschwelle für optisch gepumpte Laser auf verschiedenen semipolaren und nichtpolaren Orientierungen bei verschiedenen Wellenlängen dargestellt. Alle Laser haben eine AlGaN-GaN SCH-Struktur mit Einfach- oder Dreifachquantenfilmen. Wie im Abschnitt 4.1.3 näher erklärt werden wird, ist die Schwelle P_{th} der nichtpolaren Richtung aufgrund der Gewinnanisotropie und der Doppelbrechung des Wurtzitkristalls etwa doppelt so hoch wie die der semipolaren c'-Richtung. Bei den hier untersuchten

3.2. Halbleiterlaser

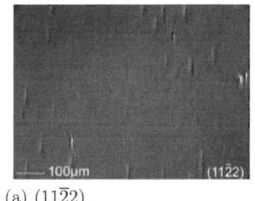  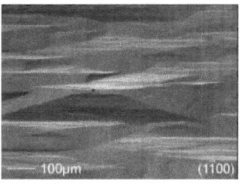

(a) $(11\bar{2}2)$ (b) $(10\bar{1}1)$ (c) $(10\bar{1}0)$

Abbildung 3.10
Interferenzkontrastbilder von optisch pumpbaren Lasern auf der $(11\bar{2}2)$-, $(1\bar{1}01)$- und $(1\bar{1}00)$-Ebene mit charakteristischen Morphologiestörungen.

Orientierungen zeigte die $(11\bar{2}2)$-Ebene die geringsten Schwellen, gefolgt von der nichtpolaren $(1\bar{1}00)$ m-Ebene und der m-artigen $(1\bar{1}01)$-Ebene. Die relativ neue $(20\bar{2}1)$-Ebene, die vielversprechend für grüne Laser ist (siehe auch Abschnitt 1.7) und auch bei den LEDs zu guten Ergebnissen führte (Kapitel 3.1), hat hier noch vergleichsweise hohe Schwellen, ebenso wie die $(10\bar{1}2)$-Laser. Röntgenmessungen zeigen, dass die Schichten auf der $(10\bar{1}2)$- und der $(20\bar{2}1)$-Ebene relaxiert sind, da die kritische Schichtdicke der verspannten AlGaN-Schichten überschritten wurde. Der AlGaN-Wellenleiter ist dicker als die kritische Schichtdicke, wodurch es zum Abbau der Verspannungsenergie durch Defektbildung kommt.

Das Wellenleiterdesign für die in Tabelle 3.1 gezeigten Laser besteht stets aus einem SCH-Aufbau mit InGaN-Quantenfilmen, $In_{0,02}Ga_{0,98}N$-Barrieren, einem symmetrischen GaN-Wellenleiter mit je 200 nm Dicke auf der Ober- und Unterseite sowie einer 1000 nm dicken unteren $Al_{0,06}Ga_{0,94}N$-Mantelschicht, die als Übergitter (SPSL) ausgeführt ist. Eine 20 nm dicke $Al_{0,1}Ga_{0,9}N$-Deckschicht sowie der Brechzahlkontrast zur umgebenden Luft schließen die Struktur ab und bilden den oberen Mantel (siehe auch Abbildung 3.9 b).

Um den Unterschied in den Schwellleistungen der Laser auf den verschiedenen Kristallorientierungen zu erklären, wurden Photolumines-

Kapitel 3. Semipolare und nichtpolare InGaN-LEDs und Laser

Wachstums- ebene im Winkel α	Resonator- orientierung	Schwellleistungsdichte / kWcm^{-2} SQW			MQW	
		400 nm	440 nm	470 nm	400 nm	440 nm
$(10\bar{1}2)$ 43°	a $[11\bar{2}0]$ c' $[0\bar{1}11]$	2600			1800 650	
$(11\bar{2}2)$ 58°	m $[1\bar{1}00]$ c' $[11\bar{2}3]$	230 120	380 240	2200	860 770	980 390
$(10\bar{1}1)$ 61°	a $[11\bar{2}0]$ c' $[0\bar{1}12]$	710 290	1500		630 320	
$(20\bar{2}1)$ 75°	a $[11\bar{2}0]$ c' $[0\bar{1}14]$	1000 540	2300		2800 1300	
$(10\bar{1}0)$ 90°	a $[11\bar{2}0]$ c $[0001]$	1500 300			2200 650	

Tabelle 3.1
Schwellleistungsdichte für verstärkte spontane Emission (ASE) von Lasern auf im Kristallwinkel α gegen die c-Ebene verkippten Kristalloberflächen mit verschiedenen Resonatororientierungen. Alle Laser haben AlGaN-Mantelschichten und GaN-Wellenleiter.

zenzuntersuchungen durchgeführt. Die Spektren von einem Teil der in Tabelle 3.1 beschriebenen Laser bei Raumtemperatur und niedriger Anregungsleistung ist in Abbildung 3.11 gezeigt. Die Intensität der Proben auf der $(11\bar{2}2)$-Ebene ist am größten, gefolgt von der $(10\bar{1}0)$ und der $(10\bar{1}1)$-Ebene. Dieses Verhalten passt gut zu den beobachteten ASE-Schwellen. Die Laser auf der $(10\bar{1}2)$-Ebene zeigen eine stark verbreiterte InGaN-Quantenfilmlumineszenz, was für die Bildung mehrerer Phasen mit unterschiedlichem Indiumgehalt oder stark örtlich variierende Quantenfilmdicke spricht. Dies führt zu einer deutlich erhöhten ASE-Schwelle. Aufgrund der Relaxation der Schichten auf der $(10\bar{1}2)$- und der $(20\bar{2}1)$-Ebene zeigen die Laser auf diesen Orientierungen hohe Schwellen und eine Verbreiterung und Verschiebung der PL-Spektren.

Mit dem Design des AlGaN-GaN-Wellenleiters ist es möglich, semipolare Laser in einem weiten Wellenlängenbereich zu realisieren, wobei zahlreiche Kristallorientierungen Verwendung finden können. In Abbildung 3.12 sind exemplarisch PL-Spektren von Laserstrukturen oberhalb der ASE-Schwelle gezeigt. Diese wurden mit der in Abschnitt

3.2. Halbleiterlaser

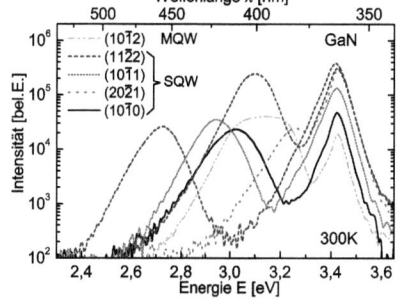

Abbildung 3.11
Photolumineszenzmessungen an den in Tabelle 3.1 gezeigten Lasern zeigen Unterschiede in der Intensität und der InGaN-Peakbreite.

4.1.3 beschriebenen Methode optisch angeregt. Laserstrukturen mit Emissionen vom Nah-UV bis ins Blau-grüne konnten realisiert werden. Die aus der Kante der Struktur emittierte Lumineszenz zeigt eine zunehmende Verbreiterung mit zunehmender Wellenlänge, was durch erhöhte Indiumfluktuationen bei zunehmendem Indiumanteil in der aktiven Zone bedingt ist.

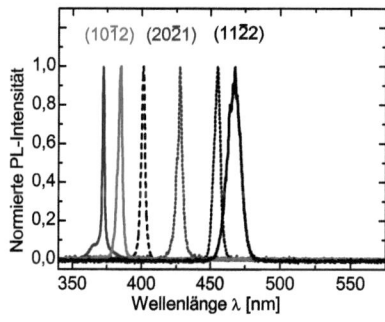

Abbildung 3.12
Spektren optisch gepumpter Laser oberhalb der ASE-Schwelle auf verschiedenen Orientierungen mit Wellenlängen von 372 bis 467 nm mit GaN-Wellenleitern und AlGaN-Mantelschichten.

3.2.2 Design des Wellenleiters

Wie in Abschnitt 3.2.1 besprochen, ist die Verwendung einer konventionellen SCH-Laserstruktur mit AlGaN-Mantelschichten und GaN-Wellenleiter aufgrund der Relaxation der Schichten bei semipolaren Lasern nicht geeignet [107]. Ein Laserdesign mit Mantelschichten aus GaN und InGaN-Wellenleiterschichten ist also wünschenswert, wobei insbesondere bei längeren Wellenlängen der abnehmende Brechzahlkontrast zwischen Mantel und Wellenleiter berücksichtigt werden muss. Dabei ist zu beachten, dass für elektrisch gepumpte Laser die p-Dotierung von InGaN eine Herausforderung darstellt: InGaN wird üblicherweise bei rund 600 °C mit Stickstoff als Trägergas gewachsen, da Wasserstoffgas als Träger insbesondere InN und InGaN mit hohem Indiumanteil schon bei geringen Temperaturen durch Ätzen entfernt [108]. p-GaN dagegen wird bei höheren Temperaturen und mit Wasserstoff als Trägergas gewachsen, da sich dadurch die Einbaueffizienz des Magnesiums gegenüber donatorartigen Stickstofffehlstellen erhöhen lässt [109]. Da das epitaktische Wachstum nicht im Fokus dieser Arbeit liegt, wird hier nicht näher auf die Wachstumsmethode und ihre Schwierigkeiten eingegangen. Um die epitaktischen Probleme zu umgehen, besteht auch die Möglichkeit, zwischen aktiver Zone und EBL einen undotierten InGaN-Spacer zu wachsen, wobei dieser dünn genug sein muss, um die Löcherinjektion nicht zu behindern ($< 70\,\text{nm}$).

Um abzuschätzen, ob eine InGaN-GaN-Wellenleiterstruktur einer GaN-AlGaN-Struktur vorzuziehen ist, müssen mehrere Aspekte betrachtet werden. Dazu zählen vor allem die durch das verspannte Wachstum aufgebaute Verspannungsenergiedichte U in Einheiten des Drucks sowie die akkumulierte Verpannungsenergie $E_{st} = U \cdot d_l$ einer verspannten Schicht der Dicke d_l mit der Einheit Joule pro Quadratzentimeter. Die Verspannung kann mit dem Steifheitstensor C_{ij} und der elastischen Verzerrung ϵ_{ij} berechnet werden [110, 111]:

3.2. Halbleiterlaser

$$U = \frac{1}{2}\sum_{\lambda=1}^{6}\sum_{\mu=1}^{6} C_{\lambda\mu}\epsilon_\lambda\epsilon_\mu = \begin{pmatrix} C_{11} & C_{12} & C_{13} & 0 & 0 & 0 \\ C_{12} & C_{11} & C_{13} & 0 & 0 & 0 \\ C_{13} & C_{13} & C_{33} & 0 & 0 & 0 \\ 0 & 0 & 0 & C_{44} & 0 & 0 \\ 0 & 0 & 0 & 0 & C_{44} & 0 \\ 0 & 0 & 0 & 0 & 0 & \frac{C_{11}-C_{12}}{2} \end{pmatrix} \begin{pmatrix} \epsilon_{xx} \\ \epsilon_{yy} \\ \epsilon_{zz} \\ 2\epsilon_{yz} \\ 2\epsilon_{xz} \\ 2\epsilon_{xy} \end{pmatrix}$$

$$= \frac{1}{2}\epsilon_{xx}^2 \left(2C_{11} + 2C_{12} - 4\frac{C_{13}^2}{C_{33}} \right)$$

(3.1)

Dabei wurde die Symmetrie der Wurtziteinheitszelle auf der c-Fläche verwendet. Da auf dieser Ebene die Verspannung biaxial und isotrop ist, gibt es keinerlei Scherverspannung und es gilt $\epsilon_{yz} = \epsilon_{xz} = \epsilon_{xy} = 0$. In Wachstumsrichtung existiert keine äußere Kraft, wodurch die Verzerrung in c-Richtung nur durch die Verspannung in der Wachstumsebene verursacht und durch den Steifheitstensor beeinflusst wird. Für die verbleibenden, von Null verschiedenen Komponenten gilt:

$$\epsilon_{xx} = \epsilon_{yy} = \frac{a_l - a_s}{a_l} \qquad \epsilon_{zz} = \frac{c_l - c_s}{c_l} = -2\frac{C_{13}}{C_{33}}\epsilon_{xx} \qquad (3.2)$$

Hierbei sind a_l, c_l, a_s und c_s die a- und c-Gitterkonstanten der verspannten Schicht (layer) und des Substrats. Die Werte für a_l, c_l und C_{ij} der ternären Schicht werden mit Hilfe des Vegard'schen Gesetzes aus den binären Werten berechnet:

$$a_{In_xGa_{1-x}N} = x\, a_{InN} + (1-x)\, a_{GaN} \qquad (3.3)$$

Durch Multiplikation der Verspannungsenergiedichte U mit der Schichtdicke d_l ergibt sich schließlich die Verspannungsenergie E_{st}. Diese ist für InGaN auf GaN deutlich höher als für AlGaN auf GaN, da die Gitterkonstanten für InGaN erheblich größer sind als die für GaN,

Kapitel 3. Semipolare und nichtpolare InGaN-LEDs und Laser

während AlGaN eine kleinere Gitterkonstante aufweist (siehe Tabelle 1.1). InGaN ist daher kompressiv verspannt, während eine AlGaN-Schicht tensil verspannt ist. Um nun abschätzen zu können, bei welchem Materialsystem und bei welcher Schichtdicke und Zusammensetzung sich für eine gegebene Verspannungsenergie und somit für eine bestimmte kritische Schichtdicke das höchste Confinement erreichen lässt, wird zunächst die ordentliche Brechzahl n_o sowie der normierte Brechzahlkontrast $(n_l - n_s)/n_s$ betrachtet und mit der Verspannung U verglichen (siehe Abbildung 3.13). Man erkennt, dass die Verspannung der InGaN-Schicht erheblich größer ist als die der AlGaN-Schicht. Der Brechzahlunterschied der InGaN-Schicht ist jedoch ebenfalls höher und steigt mit zunehmendem Mischungsverhältnis stärker an als bei AlGaN.

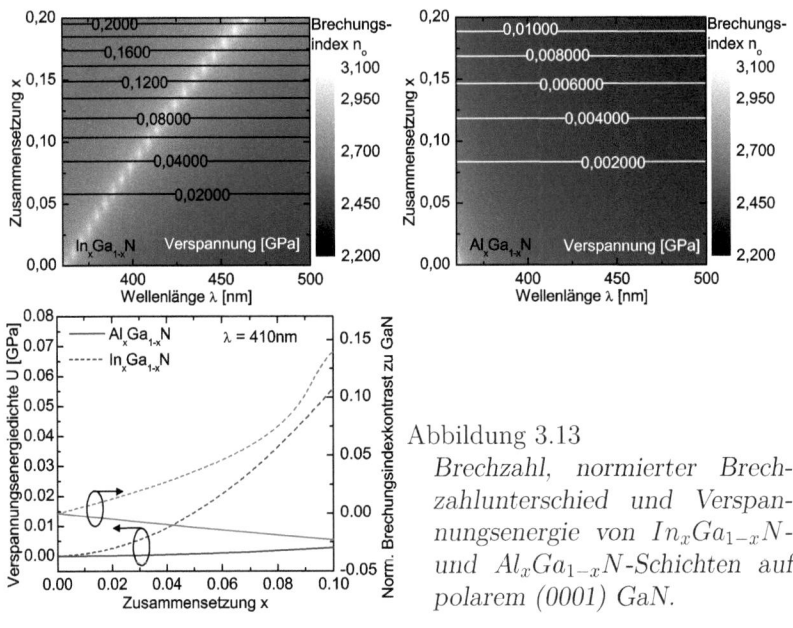

Abbildung 3.13
Brechzahl, normierter Brechzahlunterschied und Verspannungsenergie von $In_xGa_{1-x}N$- und $Al_xGa_{1-x}N$-Schichten auf polarem (0001) GaN.

Darüber hinaus muss berücksichtigt werden, dass die Brechzahl von AlGaN kleiner als die von GaN und InGaN ist. Somit kommt Al-

3.2. Halbleiterlaser

GaN nur als Material für die Mantelschicht infrage, während InGaN für den Wellenleiter verwendet werden kann. Beim lateralen Design zum optischen Confinement einer Laserdiode muss die Mantelschicht üblicherweise erheblich dicker sein als die des Wellenleiters. Dies ist in Abbildung 3.14 am Beispiel eines Lasers mit AlGaN-Mantelschichten und GaN-Wellenleiter gezeigt (Struktur nach Abbildung 3.9 a), wo ein zu dünner AlGaN-Mantel zu einer ungenügenden Modenführung führt. Im Fernfeld der Laserdiode zeigt sich ein schlechtes Confinement in einer Abweichung von der idealen Gauss-förmigen Winkelverteilung. Das Fernfeld ist für eine Wellenlänge von 450 nm berechnet. Die Mantelschicht besteht aus $Al_{0,06}Ga_{0,94}N$, wobei die p-Seite immer 500 nm dick ist und die Dicke der n-Seite variiert. In diesem Fall ist eine Dicke von mindestens 1000 nm für die untere und 500 nm für die obere Mantelschicht nötig, um eine gute Modenführung mit einem Gauß-förmigen Fernfeld zu erreichen.

Bei einem InGaN-Wellenleiter dagegen genügen rund 200 nm InGaN. Benutzt man AlGaN-Mantelschichten mit GaN-Wellenleitern, so liegt daher die akkumulierte Verspannungsenergie E_{st} in der selben Größenordnung wie die eines GaN-InGaN-Wellenleitersystems. Ein weiterer Vorteil des InGaN-GaN-Wellenleitersystems ist, dass die üblicherweise verwendete dicke GaN-Pufferschicht sowie bei homoepitaktisch gewachsenen Lasern auch das Substrat die selbe Brechzahl haben wie die Mantelschichten. Bei der Verwendung von AlGaN-Mantelschichten dagegen gibt es einen weiteren Brechzahlsprung am Übergang zwischen unterem Mantel und Pufferschicht, so dass es zur Ausbildung parasitärer Substratmoden kommen kann, die die Effizienz des Lasers verringern. Dies ist in Abbildung 1.10 zu erkennen.

Im Folgenden wird das Wellenleiterdesign theoretisch und experimentell anhand von Laserstrukturen mit TE-Polarisation ($\vec{E}$ parallel zur Oberfläche) analysiert. Um ein optimales Design für Mantelschichten und Wellenleiter zu finden, wurde der Confinementfaktor Γ für Laser

Kapitel 3. Semipolare und nichtpolare InGaN-LEDs und Laser

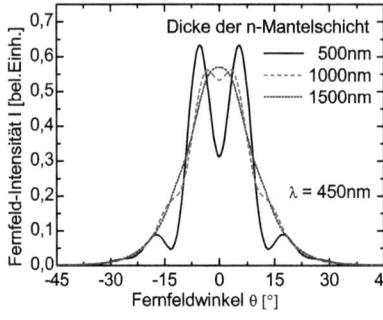

Abbildung 3.14
Berechnetes Fernfeld eines 450 nm Lasers mit GaN-Wellenleiter und $Al_{0,06}Ga_{0,94}N$-Mantelschichten für unterschiedliche Dicken der n-Mantelschicht.

mit Wellenlängen im Bereich von 400 bis 470 nm berechnet, wobei die kommerzielle Software SiLENSe der Firma STR Inc. verwendet wurde. Dabei muss berücksichtigt werden, dass diese Software nur TE/TM-Moden berechnet und nicht berücksichtigt, dass in semipolaren Lasern auch andere Moden vorliegen können (siehe Kapitel 4.1.2). Die TE-Mode im c'-Resonator zeigt bei semipolaren Lasern den höchsten Gewinn (siehe Tabelle 3.1 und Kapitel 4.1.3), so dass Laser im Allgemeinen mit Resonatoren in dieser Richtung hergestellt werden. Somit stellt diese Limitierung der Fähigkeiten des Simulationsprogramms keine gravierende Einschränkung dar.

Analyse asymmetrischer InGaN-GaN-Wellenleiter

Die erste für die Berechnungen verwendete Teststruktur hat einen asymmetrischen InGaN-Wellenleiter mit folgender Schichtstruktur (Abbildung 3.9 c) : Auf eine dicke GaN-Pufferschicht folgt die untere GaN-Mantelschicht. Der untere Wellenleiter besteht aus InGaN mit variablem Indiumgehalt und variabler Dicke, wobei als Standard zunächst 2% Indium und 100 nm oder 200 nm Dicke angenommen werden. Die aktive Zone mit einem 7 nm Quantenfilm beziehungsweise drei oder fünf je 3,5 nm dicken Quantenfilmen besteht aus InGaN mit 8 nm dicken $In_{0,02}Ga_{0,98}N$-Barrieren. Der Wellenleiter ist asymmetrisch ohne oberen InGaN-Wellenleiter. Eine 300 nm dicke GaN-Mantelschicht

3.2. Halbleiterlaser

schließt die Struktur ab, wobei der Brechzahlsprung zur Umgebung ($n_{Luft} = 1$) ebenfalls zur Modenführung beiträgt. Für die Berechnung wurden die Dicke der oberen Mantelschicht, die Dicke der InGaN-Wellenleiterschicht und der Indiumgehalt des InGaN-Wellenleiters variiert.

Eine Erhöhung der Wellenlänge des Lasers durch einen erhöhten Indiumgehalt in den Quantenfilmen führt, entgegen der Erwartungen durch den abnehmenden Brechzahlkontrast des Wellenleiters, zunächst zu einer Zunahme des Confinements (siehe Abbildung 3.15). Der Grund hierfür ist die Erhöhung der effektiven Brechzahl des Bereichs zwischen den Mantelschichten, da der erhöhte Indiumgehalt der Quantenfilme die Modenführung positiv beeinflusst. Das höchste Confinement wird je nachdem, wie viele Quantenfilme vorhanden sind, bei unterschiedlichen Wellenlängen erreicht:

Der fünffache Quantenfilm zeigt das maximale Confinement bei etwa 460 nm, der dreifache bei rund 430 nm und der einfache Quantenfilm bei 410 nm. Oberhalb dieser Wellenlängen nimmt das Confinement wieder ab, da dann der schwächer werdende Brechzahlunterschied zwischen Mantel und Wellenleiter dominiert. Der Einfluss der aktiven Zone auf den Confinementfaktor ist umso größer, je mehr Volumen (mehr oder dickere Quantenfilme) hohen Indiumgehalts die aktive Zone aufweist. Bemerkenswert ist hier, dass ein dickerer InGaN-Wellenleiter nur bei einem und drei Quantenfilmen zu einer Verbesserung der Modenführung führt, während beim fünffachen QW die Mode durch einen breiten Wellenleiter zu weit von den Quantenfilmen weg gezogen wird.

Erhöht man die Dicke der oberen Mantelschicht, so steigt Γ zunächst an und sättigt bei rund 300 nm (Abbildung 3.16). Der Grund hierfür ist die Asymmetrie des Wellenleiters:
Bei einer kleiner Mantelschichtdicke liegt das Maximum der Feldverteilung weit unterhalb der Quantenfilme, was durch den Brechungsindexsprung vom GaN zur Luft bedingt ist. Ab etwa 300 nm GaN-

Kapitel 3. Semipolare und nichtpolare InGaN-LEDs und Laser

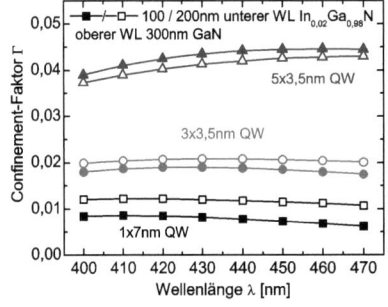

Abbildung 3.15
Numerische Simulation des Confinementfaktors für eine optisch gepumpte Laserstruktur mit GaN-Mantelschichten und unterem InGaN-Wellenleiter bei variablem Indiumgehalt der Quantenfilme.

Schichtdicke liegt das Maximum der Feldverteilung mittig im InGaN-Wellenleiter und kann auch durch höhere GaN-Dicken nicht weiter an die aktive Zone heran gezogen werden. Bei optisch gepumpten Lasern ist die Dicke der oberen Schichten zusätzlich limitiert, da die kurzwellige Anregungsstrahlung bei größeren Schichtdicken zunehmend bereits in der Mantelschicht absorbiert wird, wodurch weniger Ladungsträger die aktive Zone erreichen können. Im Fall elektrisch gepumpter Laser erhöht eine große Schichtdicke auf der oben liegenden p-Seite den Serienwiderstand und damit den Spannungsabfall und die ohmsche Erwärmung des Lasers.

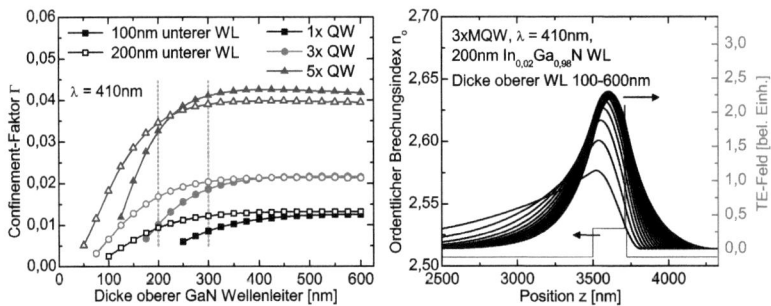

Abbildung 3.16
Modenverteilung für eine Laserstruktur mit asymmetrischem InGaN-GaN-Wellenleiter bei variabler Dicke der oberen GaN-Mantelschicht.

3.2. Halbleiterlaser

Der Indiumgehalt des Wellenleiters ist ein sehr wichtiger Parameter beim Wellenleiterdesign, da über ihn der Brechzahlkontrast zum GaN-Mantel bestimmt wird. In den Abbildungen 3.17 ist der berechnete Confinementfaktor und die Modenverteilung eines optisch gepumpten Lasers mit dreifachem Quantenfilm und asymmetrischem InGaN-Wellenleiter gezeigt. Die Berechnungen wurden für einen Indiumgehalt von 11,5% in der aktiven Zone bei einer Wellenlänge von 410 nm durchgeführt. Wie zu erwarten, sollte der Indiumgehalt des Wellenleiters so hoch wie möglich sein, um maximalen Kontrast zu erzielen. Hier begrenzt die kritische Schichtdicke des InGaN den möglichen Indiumgehalt auf Werte von 2-3%. Eine Sättigung tritt bei typischen epitaktisch herstellbaren Strukturen nicht auf.

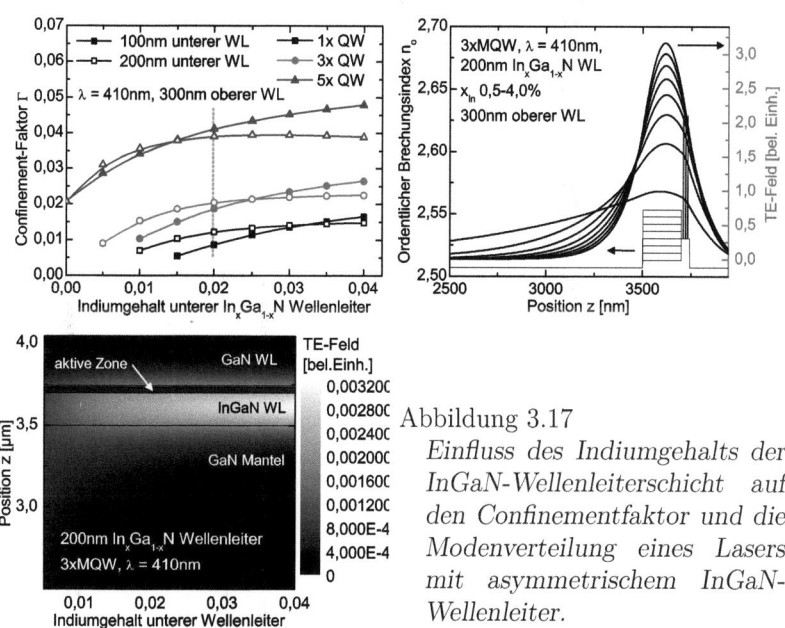

Abbildung 3.17
Einfluss des Indiumgehalts der InGaN-Wellenleiterschicht auf den Confinementfaktor und die Modenverteilung eines Lasers mit asymmetrischem InGaN-Wellenleiter.

Der Einfluss der Quantenfilmzahl auf die Modenführung ist in Abbildung 3.18 numerisch berechnet. Man erkennt, dass ein fünffacher Quantenfilm ein deutlich höheres Confinement hat als ein dreifacher.

Kapitel 3. Semipolare und nichtpolare InGaN-LEDs und Laser

Dies liegt nicht nur an dem größeren Volumen der aktiven Zone, das zu einem größeren Überlapp der Mode und der Quantenfilme führt, sondern auch an der Wellenleitung der Quantenfilme selbst, die durch ihren hohen Indiumgehalt die Mode verschieben. Da darüber hinaus der Wellenleiter asymmetrisch ist, liegt das Maximum der Mode nicht in der Mitte der aktiven Zone. Durch Erhöhung der Quantenfilmzahl schiebt sich das Maximum der Mode näher an die Quantenfilme heran (siehe Abbildung 3.18).

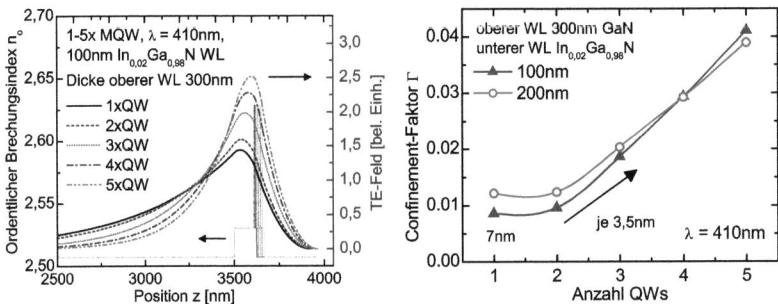

Abbildung 3.18
Eine zunehmende Anzahl von Quantenfilmen zieht die Mode zur aktiven Zone (links), wodurch der Confinementfaktor stark ansteigt (rechts).

Um zu berechnen, wie sich der optische Confinementfaktor Γ auf die Laserschwelle P_{th} auswirkt, muss der Zusammenhang zwischen Ladungsträgerdichte n, internen Verlusten α_i, Confinementfaktor Γ und dem gemeinsamen Volumen von Wellenleiter und aktiver Zone V sowie dem Volumen v der Quantenfilme berücksichtigt werden [112]. Dafür definieren Peng et al. einen Füllfaktor ζ, der angibt, wie groß der Anteil der N Quantenfilme am Volumen V ist:

$$\zeta = \frac{Nv}{V} \qquad (3.4)$$

3.2. Halbleiterlaser

Der Materialgewinn G hängt logarithmisch mit der Ladungsträgerkonzentration n_w im Quantenfilm und der Transparenzladungsträgerdichte n_0 zusammen, wobei G_0 eine Gewinnkonstante ist.

$$G = G_0 ln\frac{n_w}{n_0} \qquad (3.5)$$

Durch diesen nichtlinearen Zusammenhang ergibt sich eine exponentielle Abhängigkeit zwischen Γ und der Schwellladungsträgerkonzentration n_{th}, die bei konstanter Ladungsträgerlebensdauer proportional zur Pumpleistungsschwelle P_{th} ist:

$$n_{th} = \frac{\zeta n_w}{\eta} = \frac{\zeta n_0}{\eta} exp\left(\frac{\alpha_i}{G_0\Gamma}\right) = \frac{Nv}{V\eta} n_0 exp\left(\frac{\alpha_i}{G_0\Gamma}\right) \qquad (3.6)$$

η ist die Injektionseffizienz in den Quantenfilm. Für einen realen Laser müssen die internen Verluste α_i durch die Auskoppelverluste an den Spiegeln α_m ergänzt werden.

Bei dieser Betrachtung muss der Mechanismus für das Befüllen der Quantenfilme mit Elektronen betrachtet werden. Bei elektrisch gepumpten Lasern müssen sich die durch den Strom I gelieferten Ladungsträger auf die N Quantenfilme aufteilen, so dass eine größere Quantenfilmzahl zu einer höheren Schwelle führt. Bei nichtresonantem optischem Pumpen, wie es hier durchgeführt wurde, werden überall im Wellenleiter, in der aktiven Zone und auch in der Mantelschicht Ladungsträgerpaare erzeugt, da die Bandlücke von GaN und InGaN deutlich kleiner ist als die Energie der eingestrahlten Photonen. Ein Teil der im Wellenleiter erzeugten Ladungsträger diffundiert nun in die aktive Zone, wird von den Quantenfilmen eingefangen und führt zu strahlender Rekombination.

Steigt das Volumen der aktiven Zone durch Erhöhung der Quantenfilmanzahl N oder durch Vergrößerung der Volumina v der einzelnen Quantenfilme, so muss eine höhere optische Leistung eingestrahlt werden, um die selbe Ladungsträgerdichte n in den Quantenfilmen zu

Kapitel 3. Semipolare und nichtpolare InGaN-LEDs und Laser

erzeugen. Dies gilt, solange die aktive Zone deutlich kleiner ist als der Bereich, aus dem die Ladungsträger in die Quantenfilme diffundieren können. Typische Diffusionslängen in GaN liegen je nach Geometrie, Anregungsenergie und Leistungsdichte bei 100 nm bis über 1μm [113]. Daher kann in diesem Fall davon ausgegangen werden, dass Gleichung 3.6 hier gültig ist.

Wird dagegen resonant gepumpt, wie im Fall der Gewinnmessungen in Abschnitt 4.1.3, so wird das eingestrahlte Licht nur von den Quantenfilmen absorbiert, wobei jeder QW nur einen kleinen Teil des Lichtes absorbieren kann und der größte Teil transmittiert wird. Dadurch steht für jeden QW die volle eingestrahlte Leistung zur Verfügung, so dass die absorbierte Leistung mit dem Volumen der aktiven Zone steigt und unabhängig von der tatsächlichen QW-Zahl $N = 1$ gesetzt werden kann.

In Abbildung 3.19 sind die nach Gleichung 3.6 berechnete Schwelle, der Confinementfaktor und die gemessene Schwelle für optisch gepumpte Laserstrukturen auf $(20\bar{2}1)$ mit asymmetrischem Wellenleiter aus 100 nm In$_{0,02}$Ga$_{0,98}$N gezeigt. Es wurden eine Struktur mit einem einzelnen Quantenfilm von 7 nm Dicke sowie Laser mit einem drei- sowie einem fünffachen Quantenfilm mit je 3,5 nm Dicke gewachsen. Durch das zunehmende Volumen der aktiven Zone steigt der Confinementfaktor stark an, was jedoch nach Gleichung 3.6 nicht zwingend zu einer Verringerung der Schwelle führen muss:

Durch die Zunahme des aktiven Volumens Nv muss im nichtresonant gepumpten Laser eine höhere Leistung eingestrahlt werden und die Laserschwelle steigt. Das Verhalten des berechneten Wertes für die Schwelle hängt erheblich von den Parametern α_i und G_0 ab, die jedoch nicht bekannt sind. Während durch die streifigen Morphologiestörungen der Laser auf der $(11\bar{2}2)$-Ebene Verluste von bis zu 100 cm^{-1} gemessen wurden, sind die hier untersuchten Laser auf $(20\bar{2}1)$-GaN wesentlich glatter. Um ein ähnliches Verhalten wie in den

3.2. Halbleiterlaser

Messungen zu erreichen, wurde daher $G_0/\alpha_i = 100$ gewählt, wobei dies rein empirisch geschah und andere Werte ebenfalls physikalisch korrekt sein können.

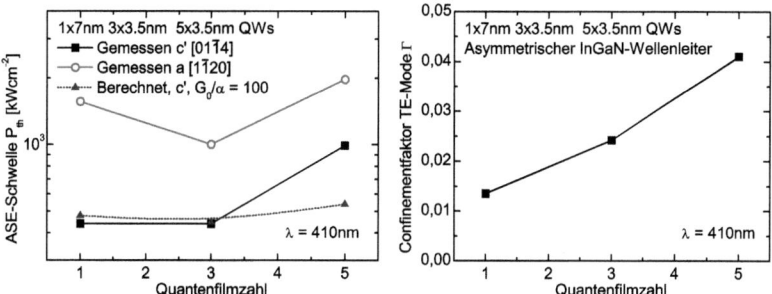

Abbildung 3.19
Gemessene und berechnete ASE-Schwelle (links) und Confinementfaktor Γ (rechts) von optisch gepumpten Lasern mit einfachem, dreifachem oder fünffachem Quantenfilm auf der $(20\bar{2}1)$-Ebene bei $\lambda = 410\,\text{nm}$ mit asymmetrischem unteren $In_{0,02}Ga_{0,98}N$-Wellenleiter.

Die Messung zeigt, dass der Einfachquantenfilm mit 7 nm Dicke je nach Resonatorrichtung die selbe beziehungsweise eine höhere Schwelle als der Dreifachquantenfilm (TQW) mit 10,5 nm Gesamtdicke hat, obwohl der TQW ein besseres Confinement zeigt. Der fünffache QW zeigt eine nochmals erhöhte Schwelle bei gleichzeitig erheblich höherem Confinement, was in der erneuten Zunahme des zu pumpenden Materials begründet ist.

Durch Erhöhung der unteren Wellenleiterdicke erhöht sich zunächst ebenfalls der Confinementfaktor, da die Mode besser begrenzt wird und einen höheren Maximalwert erreicht (Abbildung 3.20). Da jedoch das Feldmaximum nicht an der Stelle der Quantenfilme, sondern etwa mittig im InGaN-Wellenleiter liegt, wird durch hohe InGaN-Dicken der Abstand zwischen Feldmaximum und aktiver Zone vergrößert, und das Confinement verschlechtert sich. Da darüber hinaus die Mode mehr Platz einnehmen kann, sinkt die Maximalfeldstärke. Der Punkt des höchsten Confinements hängt hier stark von der Anzahl der Quantenfilme ab, da diese relativ viel Indium enthalten und so das Maximum der Mode verschieben. So liegt die errechnete optimale InGaN-Wellenleiterdicke für einen, drei und fünf Quantenfilme bei 125, 150 und 175 nm.

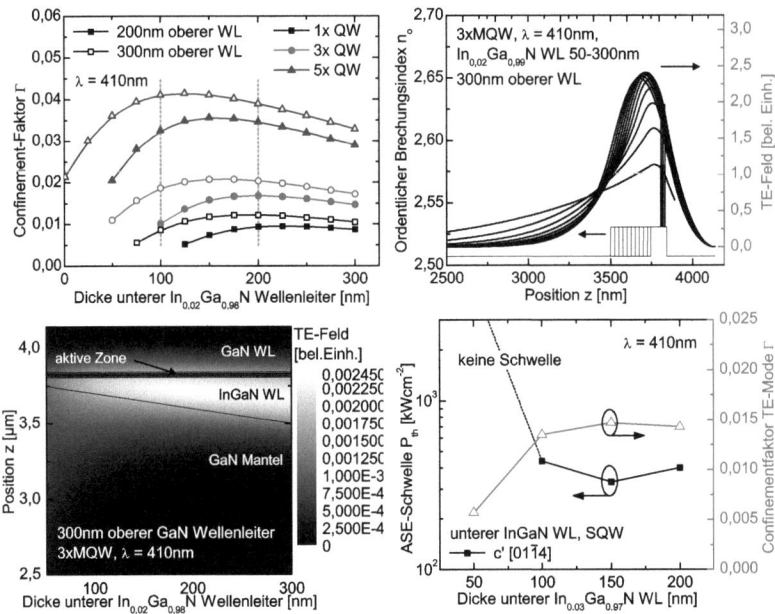

Abbildung 3.20
Confinementfaktor, Modenverteilung und ASE-Schwelle für eine optisch gepumpte Laserstruktur mit GaN-Mantelschichten und unterem InGaN-Wellenleiter bei variabler Dicke des Wellenleiters.

In Abbildung 3.20 ist die Schwelle für optisch gepumpte Laser auf der semipolaren $(20\bar{2}1)$-Ebene mit asymmetrischem Wellenleiter und variabler Dicke sowie der dazu gehörige berechnete Confinementfaktor dargestellt. Da in a-Richtung Moden mit außerordentlicher Polarisation (eo, siehe Kapitel 4.1.2) vorliegen, wird hauptsächlich der TE-Mode des c'-Resonators betrachtet.

Für den asymmetrischen Wellenleiter wird der größte Confinementfaktor für eine Wellenleiterdicke von 150 nm erwartet. Oberhalb diese Wertes sinkt Γ wieder, da dann die Mode nach unten von der aktiven Zone weg verlagert wird. Dieser Effekt wird durch die Messung der Schwellleistungsdichte bestätigt: Die kleinste Schwelle liegt bei der 150 nm-Struktur vor, während die Laser mit 100 und 200 nm eine etwas höhere Schwelle zeigen. Die Laserstruktur mit dem 50 nm dicken Wellenleiter zeigt keine Schwelle im Bereich von Anregungsleistungsdichten bis 5 MWcm^2.

Verwendet man an Stelle des GaN-Mantels eine AlGaN-Mantelschicht, so kann der Brechzahlkontrast zum InGaN-Wellenleiter erhöht werden. Gleichzeitig treten jedoch zusätzliche Verspannungen auf, weshalb mit geringen Aluminiumanteilen gearbeitet werden muss. Berechnungen hierzu zeigen, dass bedingt durch den zunehmenden Brechzahlkontrast ein höherer Indium- oder Aluminiumgehalt zu einem besseren Confinement führt. Gleichzeitig steigt jedoch auch die Verspannungsenergie der Schichten, so dass der (vergleichsweise geringe) Vorteil in der Wellenleitung durch epitaktische Schwierigkeiten erkauft wird. Hier muss abgewogen werden, wo das Optimum einer reellen Struktur liegt. Die Simulationen des Confinementfaktors eines Lasers mit AlGaN-InGaN-Wellenleiter ergaben, dass der höhere Epitaxieaufwand durch die vergleichsweise geringe Verbesserung der Wellenleitung im Vergleich zu GaN-InGaN-Wellenleitern nicht gerechtfertigt ist, so dass dieser Ansatz nicht weiter verfolgt wurde.

Analyse symmetrischer InGaN-GaN-Wellenleiter

Wie man aus den Feldverteilungen der Laser mit asymmetrischem InGaN-Wellenleiter sieht, ist diese Struktur nicht optimal. Das Maximum der Feldverteilung liegt im Wellenleiter unterhalb der aktiven Schicht, wodurch der Confinementfaktor niedrig ist. Daher wird im

Kapitel 3. Semipolare und nichtpolare InGaN-LEDs und Laser

Folgenden eine Laserstruktur mit symmetrischem InGaN-Wellenleiter betrachtet.

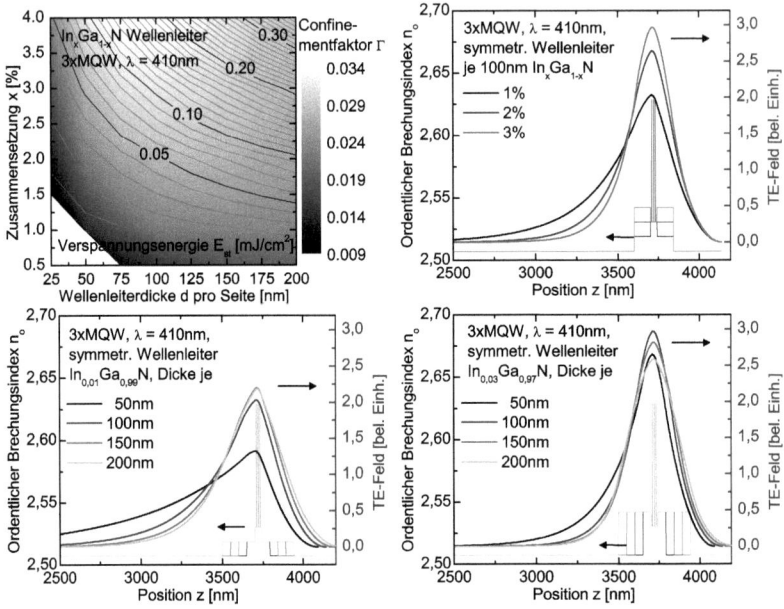

Abbildung 3.21
Confinement und Verspannung eines Dreifachquantenfilmlasers bei $\lambda = 410\,nm$ mit symmetrischem $In_xGa_{1-x}N$-Wellenleiter und variablem Indiumgehalt beziehungsweise variabler InGaN-Schichtdicke.

Wie am Beginn dieses Abschnitts beschrieben, ist neben der Verspannung auch die Schichtdicke ein limitierender Faktor beim Design des Wellenleiters. Um die optimale Zusammensetzung x und Schichtdicke d des Wellenleiters in Abhängigkeit der zulässigen maximalen Verspannungsenergie zu bestimmen, muss das optische Confinement berechnet und mit der jeweiligen Verspannungsenergie verglichen werden. In Abbildung 3.21 ist der Confinement-Faktor γ einer Laserstruktur mit drei 3,5 nm breiten $In_{0,115}Ga_{0,885}N$-Quantenfilmen, 8 nm breiten $In_{0,02}Ga_{0,98}N$-Barrieren, symmetrischem $In_xGa_{1-x}N$-Wellenleiter variabler Dicke und GaN-Mantelschichten (300 nm oben, mehr als 1 μm

3.2. Halbleiterlaser

unten) bei einer Wellenlänge von 410 nm für die TE-Mode berechnet (Struktur siehe Abbildung 3.9 d).

Bei einem geringen Indiumgehalt von rund 1% ist das optische Confinement aufgrund des geringen Brechzahlkontrasts niedrig und die Mode wird mit zunehmender Wellenleiterdicke besser geführt. Dagegen gibt es für einen höheren Indiumgehalt ein Maximum beim Confinement bei rund 100 nm InGaN pro Seite. Der Grund kann aus der Abbildung 3.21 unten erkannt werden: Ist der Wellenleiter zu schmal, so passt die Grundwelle nicht in den Wellenleiter und leckt in die Mantelschicht, während sie bei einem zu dicken Wellenleiter unnötig verbreitert wird, wodurch die maximale Feldstärke sinkt. Anhand der überlagerten Kurven für die Verspannungsenergie kann mit Hilfe von Abbildung 3.21 bei gegebener maximaler Verspannung das optimale Verhältnis zwischen Mantelschichtdicke und Indiumgehalt bestimmt werden.

Es muss beachtet werden, dass diese Berechnungen für semipolare Strukturen nur bedingt gültig sind, da hier durch die auftretenden Scherverspannungen die Energie von der in polaren c-plane-Proben abweicht. Der generelle Trend sowie das Confinement der TE-Mode behalten jedoch ihre Gültigkeit.

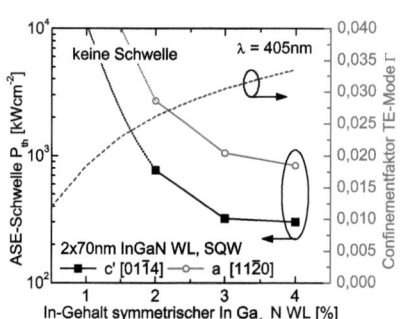

Abbildung 3.22
ASE-Schwelle und Confinementfaktor Γ von optisch gepumpten Lasern mit einfachem Quantenfilm auf der $(20\bar{2}1)$-Ebene bei $\lambda = 410\,nm$. Die Laser haben einen symmetrischen $In_xGa_{1-x}N$-Wellenleiter mit $2\times 70\,nm$ Dicke und variablem Indiumgehalt.

Für die experimentellen Untersuchungen an einem Laser mit symmetrischem Wellenleiter wurde ein Design mit je 70 nm dicken $In_xGa_{1-x}N$

Wellenleiterschichten ober- und unterhalb der aktiven Zone gewählt. Diese besteht aus einem 7 nm dicken Einfachquantenfilm zwischen zwei 8 nm $In_{0,02}Ga_{0,98}$N-Barrieren. Die Berechnung sagt einen kontinuierlich zunehmenden Confinementfaktor voraus, wodurch die Schwelle sinken sollte. Dies wird bestätigt, wobei für 1% Indium im Wellenleiter keine Schwelle beobachtet werden konnte (siehe Abbildung 3.22).

Keine der untersuchten Proben zeigt Relaxation, so dass die kritische Schichtdicke aufgrund der Verspannung nicht überschritten wurde. Somit ist das Design eines InGaN-GaN-Wellenleiters mit zwei 70 nm breiten symmetrisch aufgebauten $In_{0,04}Ga_{0,96}$N-Schichten ein vielversprechender Ausgangspunkt für die Realisierung eines elektrisch gepumpten semipolaren Lasers hoher Effizienz.

Zusammenfassung

In diesem Kapitel wurden auf der Grundlage der vorangegangenen Arbeiten Leuchtdioden und optisch gepumpte Laser hergestellt und analysiert.

Im ersten Abschnitt wurden verschiedene **LED-Strukturen** erzeugt und charakterisiert, die Emission vom nahen UV bis in den grünen und gelben Spektralbereich zeigen. Die Verbreiterungsmechanismen sowie die stromabhängige Blauverschiebung der Emission wurden diskutiert und ihre Ursachen untersucht.

Im zweiten Abschnitt wurden **optisch gepumpte Laser** auf verschiedenen semipolaren und nichtpolaren Ebenen mit Wellenlängen von 372 bis 467 nm hergestellt und der Einfluss der Kristallorientierung auf die ASE-Schwelle wurde untersucht. Die $(11\bar{2}2)$-Ebene zeigte mit 120 kWcm^{-2} die niedrigsten Schwellen, was auf glatte Oberflächen und geringe Indium- und Schichtdickenfluktuationen zurückzuführen ist. Andere Ebenen zeigten charakteristische Morphologiestörungen, die jedoch bei geeigneten Wachstumsbedingungen reduziert werden konnten.

Simulationen der Wellenleitung in Abhängigkeit der Dicke und Zusammensetzung der Mantelschicht und des Wellenleiters zeigen, dass für hohe Confinementfaktoren große Brechzahlindexkontraste nötig sind. Diese führen jedoch aufgrund der zunehmenden Verspannung zwischen InGaN und GaN beziehungsweise zwischen GaN und AlGaN zu einer Verschlechterung der Kristallqualität bis hin zur Relaxation der Schichten, so dass hier ein Kompromiss gefunden werden muss. Dabei scheint ein symmetrischer InGaN/GaN-Wellenleiter mit rund 70 nm Breite auf beiden Seiten der Quantenfilme und mit einem Indiumgehalt von maximal 4% eine vielversprechende Struktur zu sein. Beim Design der Struktur muss berücksichtigt werden, dass ein höheres Vo-

Kapitel 3. Semipolare und nichtpolare InGaN-LEDs und Laser

lumen der aktiven Zone trotz einer Zunahme des optischen Confinements zu einer erhöhten Laserschwelle führen kann.

4 Anisotropien und Polarisationsfelder in semipolaren Nitridhalbleitern

Nachdem in den vorangegangenen Kapiteln Methoden zur Herstellung von Lichtemittern sowie die Eigenschaften dieser Bauelemente betrachtet wurden, soll hier ein tieferer Einblick in die Physik semipolarer und nichtpolarer Strukturen gegeben werden.

Im ersten Abschnitt stehen anisotrope Effekte im Fokus, die nicht in polaren Strukturen auftreten. Dazu zählen die optische Polarisation der emittierten Strahlung sowie die Eigenmoden der Laser, die zusammen Einfluss auf die Gewinnmechanismen der Laser nehmen.

Im zweiten Abschnitt werden die internen Polarisationsfelder in polaren und semipolaren Proben untersucht.

4.1 Anisotropie in semipolaren Strukturen

Dieser Abschnitt behandelt die unterschiedlichen anisotropen Effekte, die durch die Brechung der Rotationssymmetrie bei nichtpolaren und semipolaren Kristallebenen bedingt werden. Dabei wird zwischen dem Einfluss auf die Bandstruktur und die Dispersionsrelation der Ladungsträger einerseits und der Doppelbrechung andererseits unterschieden. Während der erste Effekt über die Valenzsubbandstruktur die optische Polarisation strahlender Übergänge beeinflusst und somit für LEDs und Laserdioden relevant ist, definiert die Doppelbrechung zusätzlich die erlaubten Eigenmoden. Beide Effekte zusammen bestimmen den anisotropen Gewinn (gain) von Laserdioden.

4.1.1 Spontane Emission: Anisotropie der Valenzbandstruktur

Zur Beschreibung der reduzierten Symmetrie von nicht- und semipolaren Kristallorientierungen wählt man ein an der Wachstumsrichtung orientiertes (x', y', z')-Koordinatensystem, das gegenüber dem (x, y, z)-Kristallsystem um den Kristallwinkel α verkippt ist. Dabei stehen die x'- und die y'-Achse senkrecht zueinander und liegen in der Wachstumsebene, während die z'-Achse die Wachstumsrichtung anzeigt. Die y'-Achse ist hier die Drehachse, um die die semipolare Ebene gegenüber der c-Ebene verkippt ist und liegt damit parallel zur m- (a-artige $(11\bar{2}l)$-Ebenen) oder zur a-Achse (m-artige $(1\bar{1}0l)$-Ebenen). Die x'-Achse ist damit parallel zur c'-Achse orientiert (siehe Abbildung 4.1).

Die Verspannung in Quantenfilmen auf der c-Ebene ist aufgrund der Rotationssymmetrie um die c-Achse isotrop in der Wachstumsebene. Scherverspannungen treten nicht auf. Dadurch ist die Valenzbandstruktur ebenfalls isotrop in der Wachstumsebene. Die Valenzbänder sind am Γ-Punkt entartet. Das bedeutet, dass die obersten beiden Valenzbänder, das schwere und das leichte Lochband (HH, heavy hole und LH, light hole) jeweils zu gleichen Teilen aus den $|p_x\rangle$- und $|p_y\rangle$-Orbitalen bestehen und sich durch die spin-orbit-Aufspaltung energetisch nur leicht unterscheiden.

Dagegen liegt das so genannte crystal field split-off Loch-Subband (CH) energetisch deutlich tiefer und besteht aus dem $|p_z\rangle$-Orbital. Man bezeichnet $|HH\rangle$- und $|LH\rangle$ auch als $|X \pm iY\rangle$ und $|CH\rangle$ als $|Z\rangle$. Während die Dipole im Falle der beiden $|X \pm iY\rangle$-Orbitale in

4.1. Anisotropie in semipolaren Strukturen

der c-Ebene und senkrecht zur c-Achse stehen, ist im Fall des (CH)-Subbands $|Z\rangle$ das Dipolmoment senkrecht zur c-Ebene ausgerichtet. Für Quantenfilme auf polaren (0001)-Ebenen ergeben sich somit die drei jeweils zweifach spin-entarteten Subbänder, die auch gemäß ihrer Symmetrie als Γ_9 (HH), Γ_7^1 (LH) und Γ_7^2 (CH)-Bänder bezeichnet werden [114].

Photonen, die bei strahlenden Übergängen vom s-artigen Leitungsband in das $|X \pm iY\rangle$-Valenzsubband emittiert werden, zeigen TE-Polarisation, das heißt der $\vec{E}$-Vektor liegt in der Wachstumsebene (siehe Abbildung 4.1). Bei Übergängen in das $|Z\rangle$-Subband dagegen liegt TM-Polarisation vor und $\vec{E}$ steht senkrecht auf der Wachstumsebene. Licht, das senkrecht zur Wachstumsbene emittiert wird, ist unpolarisiert, da der $\vec{E}$-Vektor der TE-Mode im rotationssymmetrischen Valenzbandsystem keine bevorzugte Ausrichtung zeigt.

Wächst man InGaN-Schichten auf anderen als der c-Ebene, so ist die Verspannung nicht mehr isotrop und die nicht- oder semipolaren Schichten haben eine gegenüber der c-Ebene reduzierte Symmetrie. Die Gitterfehlanpassung in der Heterostruktur ist ebenso wie die elastischen Konstanten anisotrop. Dadurch ist die Verspannung entlang x' und y' unterschiedlich. Die $|p_x\rangle$- und $|p_y\rangle$-Orbitale haben folglich unterschiedliche Energien und bilden die $|X'\rangle$- und $|Y'\rangle$-Orbitale, die gegenüber dem $|X \pm iY\rangle$-Orbital in positiver bzw. negativer Richtung auf der Energieachse verschoben sind [115, 116] (siehe Abbildung 4.1). Die bei der c-Ebene vorhandene Entartung ist aufgehoben.

Das oberste Band bei nichtpolaren Kristallebenen ist das $|X'\rangle$-Band mit der größten Übergangswahrscheinlichkeit für polarisiertes Licht mit dem E-Feldvektor $\vec{E}$ senkrecht zur c-Achse, $\vec{E} \perp \vec{c}$. Das nächst tiefere Subband ist das $|Y'\rangle$-Subband mit $\vec{E} \parallel \vec{c}$. Da die Besetzungswahrscheinlichkeit für das oberste Lochband am höchsten ist, finden elektronische Übergänge bevorzugt zu diesem Band statt, was zu pola-

Kapitel 4. Anisotropien und Polarisationsfelder in semipolaren Nitridhalbleitern

risierter Emission führt. Diese wurde sowohl für LEDs auf nichtpolaren [117] wie auch auf semipolaren Oberflächen [118] beobachtet.

Da trotz der Energieseparation auch das $|Y'\rangle$-Subband thermisch teilweise besetzt ist, ist das emittierte Licht nicht vollständig polarisiert. Man definiert den Polarisationsgrad ρ, der das Verhältnis der orthogonal zueinander polarisierten Lichtintensitäten beschreibt:

$$\rho = \frac{I_{y'} - I_{x'}}{I_{y'} + I_{x'}} \qquad (4.1)$$

Hierbei sind I_a und $I_{c'}$ die Intensitäten der spontanen Emission mit einer Polarisation parallel zur y'-Achse (a- oder m-Achse) bzw. parallel zur x'-Achse (c'-Achse). Für vollständige Polarisation parallel zur y'- und zur x'-Achse gilt $\rho = 1$ beziehungsweise $\rho = -1$. Unpolarisiertes Licht hat $\rho = 0$.

Während im nichtpolaren Fall die A- und B-Subbänder jeweils vollständig und senkrecht zueinander polarisierte Übergänge ermöglichen, sind die Valenzsubbänder in semipolaren Quantenfilmen aufgrund der Verspannung eine Überlagerung mehrerer Quantenzustände. Die strahlenden Übergänge bestehen jeweils aus einer Mischung von Polarisationszuständen, deren jeweiliger Anteil vom Indiumanteil und dem Kristallwinkel α abhängt. Dadurch sind die Übergänge teilweise polarisiert, wobei der Grad der Polarisation und der Subbandabstand $\Delta E(A, B)$ wiederum abhängig vom Indiumgehalt im Quantenfilm sowie von α sind.

Die Subbänder werden für semipolare Quantenfilme nach der Reihenfolge der Übergangsenergien mit den Bezeichnungen A, B und C versehen [119], wobei A und B hauptsächlich aus den $|X'\rangle$- und $|Y'\rangle$-Subbändern bestehen und C vom CH-Band dominiert wird (siehe auch Abbildung 4.1). Durch dahinter gestellte Zahlen werden in Quantenfilmen die quantisierten Zustände bezeichnet. So ist in einem InGaN-QW mit moderatem Indiumgehalt auf der $(11\bar{2}2)$-Ebene das höchste Band

4.1. Anisotropie in semipolaren Strukturen

ein A1- gefolgt vom B1-Band (siehe Abbildung 4.1). Aufgrund der hohen Kristallfeldenergie folgen vor dem C1-Band höhere Zustände wie das A2- und B2-Band [120].

Für bestimmte Winkel nähern sich die Subbänder soweit an, dass es zum so genannten anti-crossing der Subbänder kommt. Dabei wird die Reihenfolge der Bänder am Γ-Punkt verändert, wodurch $\Delta E\,(A,B)$ das Vorzeichen wechselt. Ist der Bandabstand $\Delta E\,(A,B)$ kleiner als die thermische Energie kT, dann sind beide Subbänder annähernd gleich stark besetzt. Daher ist die Intensität beider Übergänge im Bereich des anti-crossings gleich, so dass das emittierte Licht unpolarisiert ist ($\rho \approx 0$).

Der Wechsel der dominierenden Polarisationsrichtung, bei dem ρ das Vorzeichen wechselt, wird als „polarization switching" bezeichnet und ist in erster Linie durch den Subbandabstand der obersten Valenzbänder bestimmt. Theoretische und experimentelle Arbeiten haben gezeigt, dass das polarization switching auf der $(11\bar{2}2)$-Ebene bei einem Indiumgehalt oberhalb von 30% auftritt [121, 122].

Misst man den Polarisationsgrad der spontanen Emission bei tiefen Temperaturen, so ist fast ausschließlich das A1-Subband besetzt, so dass ρ den Polarisationsgrad des A1-Subbands beschreibt. Wird dagegen bei Raumtemperatur gemessen, so ist auch das B1-Subband teilweise besetzt, wodurch ρ reduziert wird.

Berechnungen mit der $k \cdot p$-Methode zur Bestimmung des Bandverlaufs in der Umgebung des Γ-Punkts in Abhängigkeit der Kristallorientierung sagen einen Nulldurchgang des Polarisationsgrades ρ und eine Richtungsänderung der optischen Polarisation (polarization switching) bei einem Winkel von $30 - 60°$ in Abhängigkeit vom Indiumgehalt voraus [120]. Messungen des Polarisationsgrades an optisch gepumpten MQW- und SQW-Strukturen zeigen eine gute Übereinstimmung mit den berechneten Werten. Für Lichtemitter im violetten und blauen Spektralbereich tritt das polarization switching

Kapitel 4. Anisotropien und Polarisationsfelder in semipolaren Nitridhalbleitern

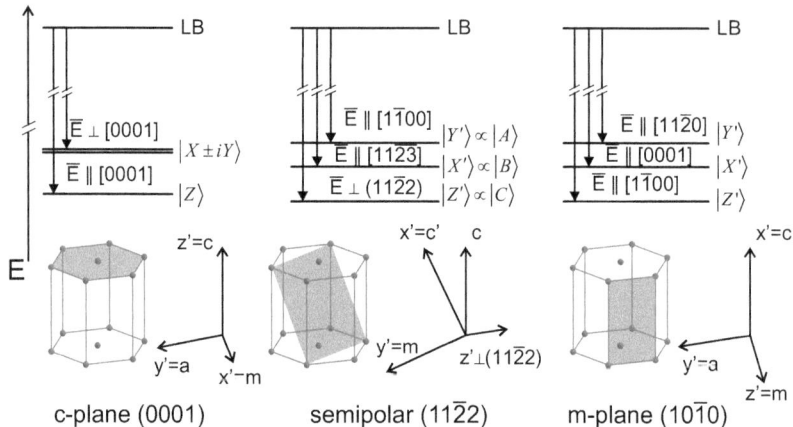

Abbildung 4.1
Subbänder und ihre Reihenfolge für c-plane, (11$\bar{2}$2) und m-plane InGaN-Schichten sowie die Polarisation der jeweiligen Übergänge (Energieabstände nicht maßstabsgerecht).

bei einem Kristallwinkel α auf, der zwischen der semipolaren (10$\bar{1}$2) und (10$\bar{1}$1)-Ebene liegt [123].

In Abbildung 4.2 sind die bei Raumtemperatur gemessenen Spektren der nach oben (in Wachstumsrichtung) emittierten spontanen Strahlung unter cw-Anregung mit einem 325 nm HeCd-Laser für lineare Polarisation senkrecht oder parallel zur c'-Achse gezeigt. Die Anregungsleistungsdichte liegt mit rund 100 Wcm^{-2} so niedrig, dass die Quasiferminiveaus deutlich unterhalb der Bandkante liegen. Somit kann die Bandbesetzung durch die Boltzmannverteilung beschrieben werden. Während für die (10$\bar{1}$2)-Ebene die Polarisation entlang der c'-Richtung dominiert, ist die Emission für die nichtpolare (10$\bar{1}$0) m-Ebene genau entgegengesetzt polarisiert. Bei den dazwischen liegenden semipolaren (11$\bar{2}$2)- und (10$\bar{1}$1)-Ebenen ist der Polarisationsgrad ρ deutlich kleiner und die Intensitäten der beiden Polarisationsmoden gleichen sich.

Der Polarisationsgrad ρ sowie der energetische Unterschied ΔE der Schwerpunkte der beiden Polarisationsrichtungen ist in Bild 4.3 ge-

4.1. Anisotropie in semipolaren Strukturen

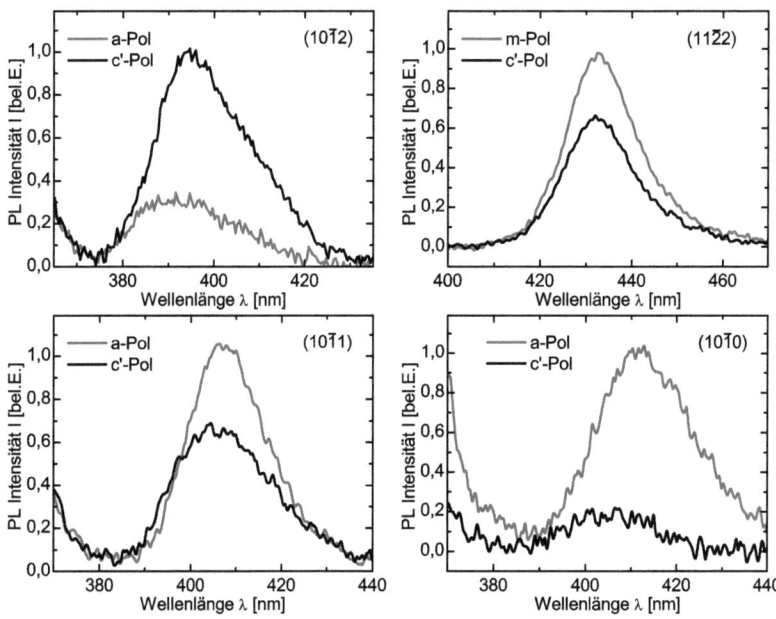

Abbildung 4.2
Die spontane Emission von semipolaren und nichtpolaren MQW-Proben zeigt optische Polarisation in Abhängigkeit von der Kristallorientierungen

zeigt. Man erkennt eine Umkehrung der Polarisation bei einem Winkel von ca. 50 − 55°. Gleichzeitig ändert sich auch das Vorzeichen der Energieverschiebung, was aus der relativen Verschiebung der Energiebänder gegeneinander resultiert. Der gemessene energetische Abstand ΔE ist kleiner als der Abstand $\Delta E\,(A, B)$ zwischen den beiden Subbändern, da bei semipolaren Quantenfilmen jedes Subband eine Überlagerung mehrerer Quantenzustände darstellt und somit das A1- und B1-Subband jeweils teilweise polarisierte Zustände erlauben [123]. Es muss beachtet werden, dass diese Messungen bei Raumtemperatur durchgeführt wurden, während Schade et al. bei tiefen Temperaturen gemessen haben. Während in letzterem Fall nur das energetisch niedrigste Band besetzt ist und zu Übergängen beiträgt, können durch

Kapitel 4. Anisotropien und Polarisationsfelder in semipolaren Nitridhalbleitern

die thermische Energie von 300 K auch höhere Bänder zur Emission beitragen, was den Polarisationsgrad reduziert.

Die gemessenen Polarisationsgrade und der Winkel, bei dem das polarization switching auftreten, zeigen eine gute Übereinstimmung mit den in der Literatur berichteten experimentell und theoretisch gefundenen Werten.

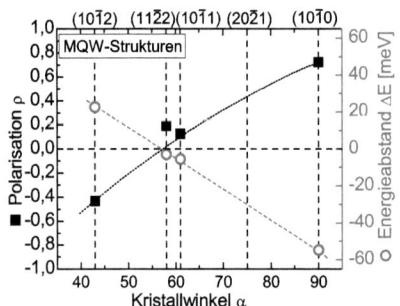

Abbildung 4.3
Der Polarisationsgrad ρ und die Energieverschiebung ΔE der spontanen Polarisation von semipolaren und nichtpolaren MQW-Strukturen sind abhängig von der Kristallorientierung

4.1.2 Stimulierte Emission: Doppelbrechung und Eigenmoden

Für Laserdioden auf der üblicherweise benutzten polaren (0001) c-Orientierung ist die Richtung des Laserresonators für die Leistungsfähigkeit nicht relevant, da der Gewinn und die optische Modenführung (Confinement Γ) für alle Richtungen gleich sind. Man benutzt typischerweise die m-Facetten als Spaltebenen für die Erzeugung der Laserspiegel, da sich diese mit höherer Qualität brechen lassen (siehe Kapitel 2.3).

Betrachtet man die Gewinnmechanismen in nichtpolaren und semipolaren Laserdioden, so muss neben den Übergängen und den daran beteiligten Subbändern auch beachtet werden, welche optischen Moden der Wellenleiter bevorzugt führt. Da im Wurtzitsystem gewachsene III-Nitridhalbleiter doppelbrechend sind, ist die dielektrische Funktion ein richtungsabhängiger Tensor und folglich ist der Brechungsindex

4.1. Anisotropie in semipolaren Strukturen

anisotrop, wobei die außerordentliche Richtung parallel zur c-Achse steht. Der Unterschied zwischen außerordentlicher und ordentlicher Brechzahl ($\Delta n = n_{eo} - n_o$) beträgt rund 0,02 [124]. Dieser Unterschied ist relativ groß, wie ein einfaches Rechenbeispiel zeigt:
Der Phasenschub $\Delta\phi$ nach der Laufweite l für die Vakuumwellenlänge λ_0 in einem doppelbrechenden Medium ist gegeben durch $\Delta\phi = 2\pi\Delta n l/\lambda_0$, so dass bei einem 405 nm Laser mit einer typischen Resonatorlänge von 1000 µm der Phasenschub so groß ist, dass die Polarisation rund 100 mal von linear nach zirkular und wieder zurück wechselt.

Da für einen stabilen und effizienten Laserbetrieb die Polarisation einer Mode konstant bleiben muss, sind nur Eigenmoden erlaubt, bei denen das elektrische Feld $\vec{E}$ parallel oder senkrecht zur anisotropen Brechzahlachse (also der c-Achse) orientiert ist. In diesen speziellen Fällen ist die Brechzahl für die elektromagnetische Welle in der entsprechenden Ausbreitungsrichtung isotrop und der Brechzahltensor reduziert sich zu den Brechzahlen n_{eo} für $\vec{E} \parallel \vec{c}$ und n_o für $\vec{E} \perp \vec{c}$. Diese Eigenmoden werden im Weiteren als außerordentliche und ordentliche Moden (eo / o, extraordinary / ordinary) bezeichnet.

Während durch die Doppelbrechung des Wurtzitkristalls Eigenmoden mit $\vec{E} \parallel \vec{c}$ oder $\vec{E} \perp \vec{c}$ bevorzugt werden, hat auch die Laserstruktur selbst mit dem Brechzahlkontrast zwischen dem Mantel und dem Wellenleiter einen Einfluss auf die Polarisation der Moden. Der Wellenleiter bevorzugt aufgrund des Brechzahlkontrastes zwischen Mantel- und Wellenleiterschicht Moden, die TE- beziehungsweise TM-Polarisation zeigen, das heißt, der E-Feldvektor ist parallel oder senkrecht zur Wachstumsebene ausgerichtet. Um nun zu entscheiden, welcher dieser beiden Aspekte dominiert, müssen die beiden Laserresonatoren genauer untersucht werden.

Betrachtet man einen Laserresonator in der so genannten c'-Richtung, bei der der Resonator parallel zur Projektion der c-Achse auf die

Kapitel 4. Anisotropien und Polarisationsfelder in semipolaren Nitridhalbleitern

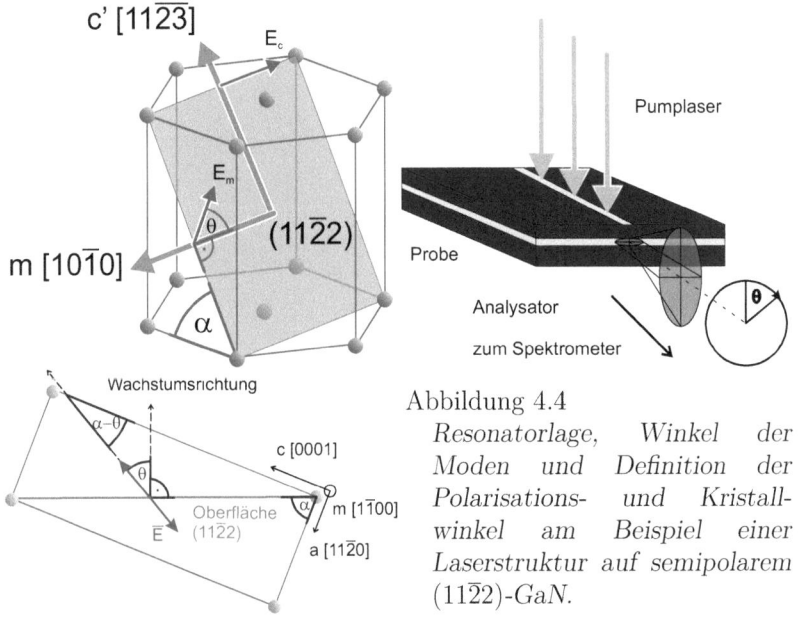

Abbildung 4.4
Resonatorlage, Winkel der Moden und Definition der Polarisations- und Kristallwinkel am Beispiel einer Laserstruktur auf semipolarem $(11\bar{2}2)$-GaN.

Wachstumsebene liegt (die $[11\bar{2}3]$-Richtung bei der $(11\bar{2}2)$-Ebene, siehe Abbildung 4.4), so besteht kein Wettbewerb zwischen den Wellenleitermoden (TE und TM) und den Eigenmoden des Kristalls (eo und o). Sowohl bei TE als auch in der o-Moden liegt $\vec{E}$ in der Wachstumsebene und steht senkrecht zur c-Achse.

Betrachtet man dagegen einen nichtpolaren Resonator (z.B. die $[10\bar{1}0]$ m-Richtung bei der $(11\bar{2}2)$-Ebene), so besteht ein Wettbewerb zwischen TE/TM und eo/o-Moden. Die TE-Mode bevorzugt einen Polarisationswinkel θ von $90°$. Durch die Doppelbrechung des Kristalls wird dagegen ein Polarisationswinkel $\theta = \alpha$ gefordert. In diesem Fall ist der $\vec{E}$-Vektor parallel zur c-Achse orientiert und das Licht erfährt die außerordentliche Mode (eo).

Mittels numerischer Simulation der Eigenmoden wurde analysiert, von welchem der beiden Einflüsse der Modenwettbewerb zwischen Doppelbrechung und Wellenleiter dominiert wird. In Abbildung 4.5 ist die be-

4.1. Anisotropie in semipolaren Strukturen

rechnete Polarisationsverteilung der Eigenmoden für einen Laser auf der $(11\bar{2}2)$-Ebene gezeigt, bei dem der Kristallwinkel α 58° beträgt. Im c'-Resonator werden Polarisationswinkel θ von 90 und 180° erwartet, so dass TE- und TM-Polarisation vorliegt. Im m-Resonator dagegen werden die eo-Mode ($\vec{E} \parallel \vec{c}$ und $\theta = 56°$) beziehungsweise die o-Mode ($\vec{E} \perp \vec{c}$ und $\theta = -34°$) vorausgesagt. Dieses Verhalten wurde auch durch Simulationen von Scheibenzuber et al. [124] berechnet. Somit dominiert in m-Richtung die Brechzahlanisotropie und die außerordentlichen Eigenmoden sind um etwa 2° gegenüber der c-Achse verkippt.

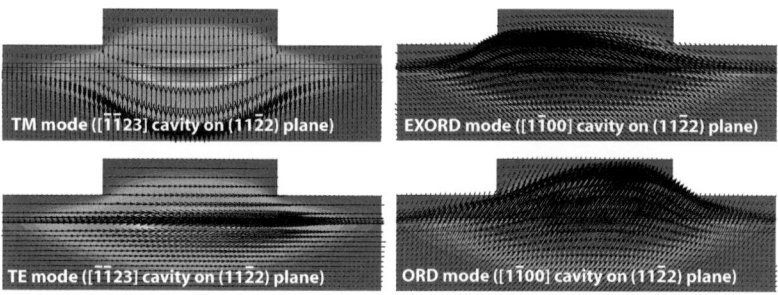

Abbildung 4.5
Die berechnete Verteilung der Eigenmodenpolarisation zeigt TE- und TM-Polarisation für den $[\bar{1}\bar{1}23]$ c'-Resonator (links) und eo- und o-Polarisation für den $[1\bar{1}00]$ m-Resonator (rechts) einer semipolaren $(11\bar{2}2)$-MQW-Probe. Simulation J. Kupec [125] [126].

Um die Berechnungen zu verifizieren, muss der Polarisationszustand oberhalb der Schwelle für stimulierte Emission und somit oberhalb der Transparenzladungsträgerdichte gemessen werden. Nur so ist die Unterscheidung der durch die Doppelbrechung hervorgerufenen Eigenmoden von der durch die Bandstruktur bedingten polarisierten spontanen Emission sichergestellt.

Die Messung der Schwellen P_{th} für verstärkte spontane Emission (ASE, amplified spontaneous emission) und Lasing sowie die Bestimmung der Polarisationszustände oberhalb der Schwelle wird mit dem in Abbildung 4.4 gezeigten und in Abschnitt 4.1.3 beschriebenen Aufbau durchgeführt. Ein ca. 10 µm breiter Streifen mit einer variablen Länge von bis zu 5 mm wird durch einen frequenzvervierfachten Nd:YAG-Laser mit 5 ns langen Pulsen bei 266 nm Wellenlänge optisch von oben gepumpt. Dabei ist die Orientierung des Streifens zur Probe beliebig einstellbar, so dass jede Resonatorrichtung untersucht werden kann. Durch Variation der Pumpleistung und Integration der aus der Facette emittierten Photolumineszenz wird die Schwellleistungsdichte für Lasing oder ASE bestimmt. Will man den Einfluss der unterschiedlichen Güte der Facetten für die semipolaren und nichtpolaren Laserresonatoren unterdrücken (siehe Kapitel 2.3), so ist es sinnvoll, den Streifen leicht verkippt zur Probenkante zu orientieren. Dadurch wird Rückkopplung und das Anschwingen von Lasermoden unterdrückt und lediglich die materialabhängige Verstärkung und Wellenleiterverluste sind sichtbar.

Die Messung des Polarisationszustands geschieht bei rund 170-180 % der ASE-Schwelle mit einem linearen Polarisationsfilter wie in Abbildung 4.4 gezeigt. Dabei ist der Polarisationswinkel θ so definiert, dass bei 0° der elektrische Feldvektor senkrecht zur Probenoberfläche steht (TM-Mode).

In Abbildung 4.6 sind die Schwellleistungsmessung sowie die Polarisationsmessung für den c'- und den m-Resonator einer bei 410 nm emittierenden Laserstruktur auf der semipolaren $(11\bar{2}2)$-Ebene gezeigt. Die Schwellleistungsdichte für ASE ist beim nichtpolaren Resonator mit $200\,\text{kWcm}^{-2}$ fast doppelt so groß wie beim c'-Resonator ($120\,\text{kWcm}^{-2}$), was für unterschiedlich hohe Werte des Gewinns im jeweiligen Resonator spricht.

Die Messung der Polarisation oberhalb der Laserschwelle zeigt, dass der c'-Resonator wie erwartet TE-Polarisation zeigt ($\theta = 90°$). Die Polarisation bei der m-Richtung ist dagegen gekippt und liegt nahezu parallel zur c-Achse des Kristalls ($\theta = 55° \approx \alpha$). Das bedeutet, dass in

4.1. Anisotropie in semipolaren Strukturen

diesem Fall die eo-Mode dominiert. Diese Ergebnisse zeigen eine hohe Übereinstimmung mit den Simulationsergebnissen aus [124] und [125] sowie Abbildung 4.5.

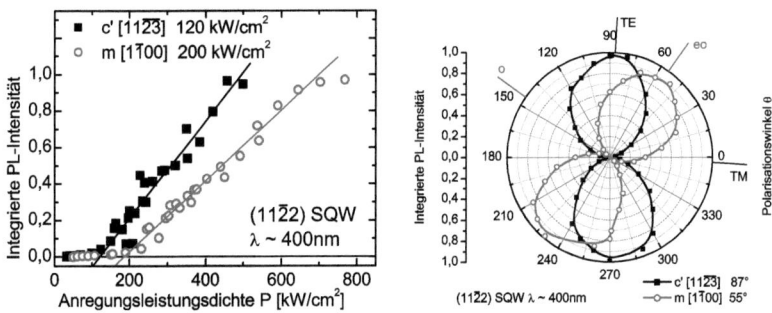

Abbildung 4.6
Links: Die Schwellleistungsdichte für ASE eines SQW-Lasers auf semipolarem (11$\bar{2}$2)-GaN ist in c'-Richtung niedriger als in m-Richtung.
Rechts: Oberhalb der ASE-Schwelle zeigt der c'-Resonator TE-Polarisation und der m-Resonator eo-Polarisation.

Diese Zusammenhänge lassen sich auch bei Laserstrukturen auf anderen semipolaren und nichtpolaren Oberflächen finden. In Abbildung 4.7 ist der Polarisationswinkel der Mode und die ASE-Schwelle von optisch gepumpten Lasern verglichen. Alle Laser haben einen GaN-Wellenleiter, einen AlGaN-Mantel und eine aktive Zone mit InGaN-Quantenfilmen. Diese sind entweder als Einzel- oder Dreifachquantenfilm (SQW / TQW) ausgeführt und emittieren im Bereich von 400-450 nm. Aus Abbildung 4.7 und Tabelle 3.1 sieht man, dass der Unterschied der ASE-Schwelle zwischen dem c'- und dem m/a-Resonator stets etwa einen Faktor der Größenordnung 2 beträgt. Auf der m-Ebene ist der Abstand größer, weil hier der Abstand der Subbänder größer und somit die Besetzung des B-Bandes kleiner ist. Die Anzahl der Quantenfilme und die Wellenlänge haben nur einen kleinen Einfluss. Der Polarisationswinkel des c'-Resonators liegt bei allen Lasern

Kapitel 4. Anisotropien und Polarisationsfelder in semipolaren Nitridhalbleitern

bei rund 90° (TE), während der a- beziehungsweise m-Resonator eine zur c-Achse parallele Polarisation mit $\theta = \alpha$ zeigt (eo).

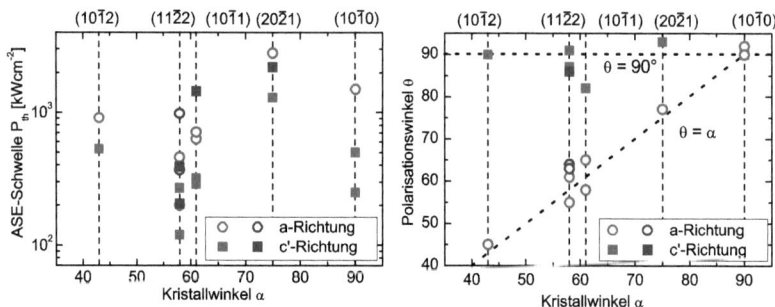

Abbildung 4.7
Vergleich der ASE-Schwelle und der Polarisation blauer und violetter Laser (farbcodiert) auf verschiedenen Orientierungen.
Links: Die ASE-Schwelle ist in c'-Richtung stets niedriger als in m- oder a-Richtung.
Rechts: Der Polarisationswinkel θ oberhalb der Schwelle beträgt in c'-Richtung rund 90° (TE), in m-Richtung gilt $\theta \approx \alpha$.

Wie man an den unterschiedlichen Schwellen für stimulierte Emission sieht, hat die Polarisationsanisotropie der Eigenmoden Konsequenzen für den Gewinn in der Struktur. Der Zusammenhang soll im nächsten Abschnitt genauer betrachtet werden.

4.1.3 Stimulierte Emission: Anisotroper Gewinn

Um den anisotropen Gewinn einer semipolaren Laserstruktur mathematisch zu beschreiben, muss das Übergangsmatrixelement für stimulierte Emission betrachtet werden. Dieses hängt sowohl von der erlaubten Polarisation der Übergänge in die beteiligten Subbänder ab (siehe Abschnitt 4.1.1) als auch von der optischen Polarisation der erlaubten Eigenmoden. Eine detaillierte Betrachtung des Gewinns ist bei Scheibenzuber et al. [124] zu finden und soll zum besseren Verständnis hier auszugsweise wiedergegeben werden. Die exakte Beschreibung findet

4.1. Anisotropie in semipolaren Strukturen

sich im Anhang 6.1. Bei der Betrachtung der Richtungsabhängigkeit des Gewinns $G^{(a)}(\hbar\omega)$ ist der wichtigste Anteil dessen Proportionalität zum Vektorprodukt zwischen dem Photonenpolarisationsvektor $\vec{a}$ und dem Impulsmatrixelement $\langle \vec{p} \rangle$:

$$G^{(a)}(\hbar\omega) \sim |\langle i | \vec{a} \cdot \vec{p} | f \rangle|^2 \qquad (4.2)$$

Der Operator $\langle \vec{p} \rangle$ beschreibt die in Abschnitt 4.1.1 untersuchte Polarisation der Übergänge in die Valenzsubbänder, während $\vec{a}$ oberhalb der Laserschwelle über die erlaubten Eigenmoden und damit die Doppelbrechung des Wurtzitkristalls definiert ist. Wie in Abschnitt 4.1.1 gezeigt wurde, ist die Ausrichtung von $\langle \vec{p} \rangle$ abhängig von der Kristallorientierung, wobei $\langle \vec{p} \rangle$ stets parallel zu den Achsen des Wachstumssystems liegt ((x', y', z')-System, siehe auch Abbildung 4.12). Ist also $\vec{a}$ durch die erlaubten Eigenmoden gegenüber der Wachstumsebene verkippt, so reduziert sich der maximale Gewinn gegenüber dem Idealfall mit $\vec{a} \parallel \langle \vec{p} \rangle$. Da zwischen dem Gewinn und der Laserschwelle ein exponentieller Zusammenhang besteht, bewirkt ein reduziertes Übergangsmatrixelement über den kleineren Gewinn eine erhöhte Laserschwelle. Der Zusammenhang zwischen Gewinn und Laserschwelle wurde in Kapitel 3.2 und Formel 3.6 näher betrachtet.

Der Gewinn wird über die so genannte variable Strichlängenmethode (variable stripe length, VSL) experimentell bestimmt [127]. Dabei wird die Probe von oben durch einen streifenförmigen Laserstrahl optisch gepumpt, wobei die Pumpleistung so gewählt werden muss, dass man nahe an der Laserschwelle arbeitet. Die Länge des Pumpstrichs wird dann variiert, wobei der Anfang stets an der Austrittsfacette liegt. Das aus der Probenseitenfläche austretende Licht wird mit einer optischen Faser oder über eine Linsenoptik gesammelt und mittels eines hochauflösenden Spektrometers detektiert. Im Anschluss wird für jede Wellenlänge die gemessene spektrale Intensität I als Funktion der Strichlänge l mit der Formel 4.3 gefittet, wobei g der Gewinn und y

Kapitel 4. Anisotropien und Polarisationsfelder in semipolaren Nitridhalbleitern

ein Fitfaktor ist. Überwiegen Verluste, so ist g kleiner als null und die Krümmung der Kurve ist negativ. Liegt induzierte Transparenz vor, so werden erzeugte Photonen weder absorbiert noch verstärkt und g ist null. Für positive Verstärkung ist g größer als null.

$$I(l) = \frac{y}{g}\left(e^{gl} - 1\right) \quad (4.3)$$

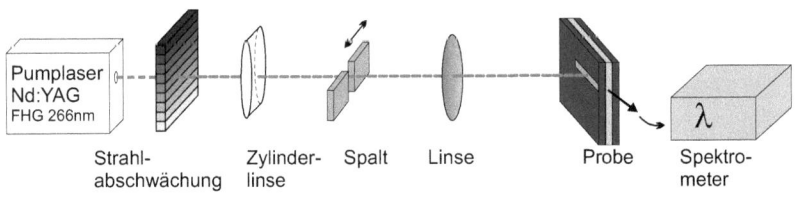

Abbildung 4.8
Aufbau zur Messung von Laserschwellen, Polarisationszuständen von Eigenmoden und zur Bestimmung von Gewinnspektren.

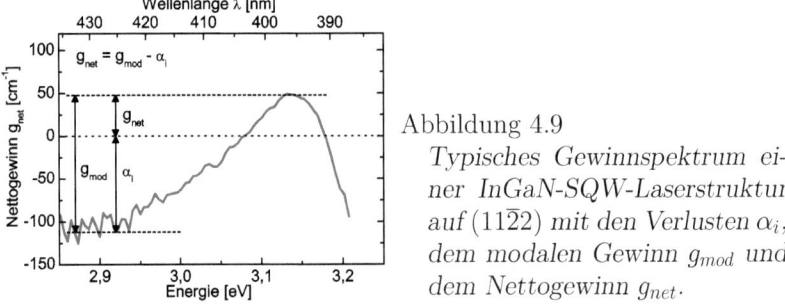

Abbildung 4.9
Typisches Gewinnspektrum einer InGaN-SQW-Laserstruktur auf $(11\bar{2}2)$ mit den Verlusten α_i, dem modalen Gewinn g_{mod} und dem Nettogewinn g_{net}.

Man unterscheidet den Materialgewinn $G^{(a)}(\hbar\omega)$, den modalen Gewinn g_{mod} und den Nettogewinn g_{net}. Diese sind über den Confinementfaktor Γ und die internen Verluste α_i miteinander verknüpft:

$$g_{net} = g_{mod} - \alpha_i = \Gamma G - \alpha_i \quad (4.4)$$

4.1. Anisotropie in semipolaren Strukturen

Der durch die VSL-Methode bestimmte Gewinn ist der Nettogewinn g_{net}, aus dem sich über Γ und α_i die Werte für g_{mod} und G errechnen lassen.

Der Confinementfaktor Γ gibt an, wie groß der Überlapp zwischen den Quantenfilmen (in Formel 4.5 mit QW bezeichnet) und dem elektrischem Feld $\vec{E}$ der Lasermode ist. Da nur in den Quantenfilmen Inversion vorliegen kann, kann auch nur der Teil der optischen Strahlung, der in der aktiven Zone geführt wird, zu stimulierter Emission führen.

$$\Gamma = \frac{\int_{QW} \vec{E}^2(z)\, dz}{\int_{-\infty}^{\infty} \vec{E}^2(z)\, dz} \qquad (4.5)$$

Der Gewinn ist wellenlängenabhängig, wobei mehrere Faktoren einen Einfluss haben. Neben dem Übergangsmatrixelement für strahlende Rekombination zählen dazu die Zustandsdichte sowie die Verteilung der Ladungsträger im Valenz- und Leitungsband, die durch die Quasiferminiveaus beschrieben wird (siehe auch Formel 6.2).

Eine typische Gewinnkurve ist in Abbildung 4.9 gezeigt. Auf der niederenergetischen Seite ist die Photonenenergie kleiner als die Bandlücke des Halbleiters, so dass keine Zustände für Elektronenübergänge vorhanden sind. Da keine Verstärkung auftreten kann, können auf dieser Seite der Gewinnkurve die internen Verluste α_i abgelesen werden. Diese setzen sich zusammen aus Streuverlusten am Wellenleiter und Verlusten durch Absorption an Defekten und Zuständen mit kleiner Übergangsenergie. Auf der hochenergetischen Seite des Spektrums sind dagegen zahlreiche Zustände vorhanden. Die Elektronenzustände dieser Übergänge liegen oberhalb des Quasiferminiveaus und sind daher schwach besetzt, so dass hier vorhandene Photonen absorbiert werden und der Gewinn negativ ist.

Zur Untersuchung der Wechselwirkung der polarisierten Subbandübergänge mit den Eigenmoden des doppelbrechenden Kristalls wurden polarisations- und resonatorrichtungsabhängige Gewinnuntersuchungen mit der VSL-Methode durchgeführt. Die Messung wurde in diesem Fall mit einem durchstimmbaren Farbstofflaser durchgeführt, der bei rund 380 nm eine resonante Anregung des Quantenfilms erlaubt. Hierdurch ist das Absorptionsvolumen deutlich kleiner als im Falle der oben beschriebenen nicht-resonanten Anregung mit einem 266 nm-Laser, wodurch die eingestrahlten Leistungsdichten erheblich höher ausfallen. Die Pulslänge betrug hier etwa 10 ns. Weitere Details zur Messung sind auch bei Brendel et al. [128] zu finden.

Die Simulation der Gewinnspektren folgt der von Scheibenzuber et al. [124] beschriebenen Methode. Dabei wird die Bandstruktur mit der 6×6 $k \cdot p$-Methode berechnet. Inhomogene Indiumverteilungen werden berücksichtigt, indem die Berechnung für verschiedene Indiumgehalte durchgeführt und dann gemäß einer Gaußverteilung bei konstanter Fermienergie über die Gainspektren gemittelt wird. Der Indiumgehalt der aktiven Zone wurde so variiert, dass die gemessenen und gerechneten Kurven übereinstimmen.

Aus dem errechneten Materialgewinn wurde dann mittels der Confinementfaktoren Γ der modale Gewinn g_{mod} berechnet. Der effektive Brechungsindex n_r und der Confinementfaktor wurden für die jeweilige Mode mittels einer 4×4 Transfermatrixmethode bestimmt [124]. Da die Brechungsindizes n_o und n_{eo} unterschiedlich groß sind, unterscheiden sich die effektiven Brechungsindizes und somit auch die Confinementfaktoren der unterschiedlichen Moden, wie in Tabelle 4.1 dargestellt ist.

In Abbildung 4.10 ist das PL-Spektrum einer typischen VSL-Gainmessung für verschiedene Strichlängen l gezeigt. Das Spektrum ist nicht symmetrisch, sondern eher dreieckig. Ursache dafür können Indiumfluktuationen im Quantenfilm sein, die zu einer starken Lokalisierung und somit einer Verbreiterung der Zustandsverteilung führen. Ein weiterer Einfluss können Phononenreplika sein. Diese Einflüsse

4.1. Anisotropie in semipolaren Strukturen

Mode	Γ	n_r
TE	0.02124	2.5577
TM	0.01891	2.5638
eo	0.02198	2.5873
o	0.01894	2.5558

Tabelle 4.1
Confinementfaktoren Γ und effektive Brechnungsindizes n_r für die TE, TM, außerordentliche und ordentliche Moden eines semipolaren 400 nm Lasers (Rechnung W. Scheibenzuber).

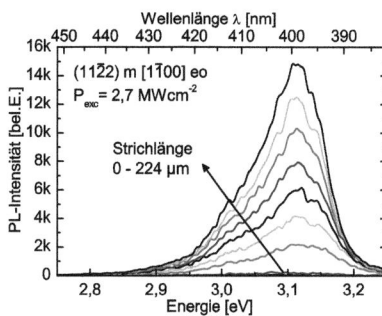

Abbildung 4.10
Photolumineszenzspektren einer typischen VSL-Gainmessung für die eo-Mode in m-Richtung mit konstanter Anregungsleistung und variierter Strichlänge l.

begrenzen die Genauigkeit in der Übereinstimmung der Messung mit der oben beschriebenen Berechnung.

Abbildung 4.11 zeigt die polarisationsabhängig gemessenen Gewinnkurven einer semipolaren Laserstruktur, bei der die Laserresonatoren (bzw. der Anregungsstrich) entlang der c'- und der m-Achse orientiert sind. Im Vergleich der mittels VSL-Messung experimentell bestimmten Nettogewinnspektren mit den ebenfalls gezeigten rechnerisch ermittelten Spektren für den modalen Gewinn zeigt sich eine gute Übereinstimmung sowohl bei der Form als auch bei der Höhe der jeweiligen Spektren. Bei der Analyse der jeweiligen Gainspektren fallen mehrere signifikante Merkmale auf:

- Die TE-Mode in c'-Richtung zeigt den höchsten Gewinn (Abbildung 4.11 a und b). Das ist bereits aus dem Vergleich der ASE-Schwellen zu erwarten (siehe Abbildungen 4.6 und 4.7). Der

Übergang findet hier vom Leitungsbandminimum in das höchste Valenzsubband, das so genannte A-Band, statt (vergleiche Abschnitt 4.1.1). Dieses erlaubt polarisierte Übergänge, wobei $\langle \vec{p} \rangle$ in x'-Richtung, also parallel zu $\vec{a}$ der TE-mode, liegt. In Abbildung 4.12 ist die Ausrichtung der zu den Subbändern gehörenden Orbitale und die Polarisation der Eigenmoden dargestellt. Da der Polarisationsgrad der Übergänge in die Subbänder in allen Fällen außer auf der m-Ebene kleiner als 1 ist, ist hier die Form der Orbitale (Hanteln in Abbildung4.12) übertrieben dargestellt. Eine exaktere Darstellung ist bei Schade et al. [120] zu finden. Das A-Band hat die größte Besetzung aller Subbänder und das Übergangsmatrixelement ist wegen $\vec{a} \parallel \langle \vec{p} \rangle$ maximal. Deshalb zeigt die TE-Mode den größten Gewinn.

- Die TM-Mode ist senkrecht zur TE-mode polarisiert mit $\vec{E} \parallel z'$ und muss daher mit dem C-Subband wechselwirken ($|C\rangle \propto |Z'\rangle$). Da dieses aufgrund der Kristallfeldaufspaltung energetisch deutlich tiefer liegt (der berechnete Wert beträgt circa 55 meV [129]) und somit bei Raumtemperatur praktisch nicht besetzt ist, zeigt die TM-Mode nahezu keinen Gewinn.

- Der Gewinn der eo- und o-Moden im m-Resonator ist niedriger als der der TE-Mode im c'-Resonator, aber höher als der der TM-Mode (Abbildung 4.11 c und d). Die eo-Mode und die o-Mode wechselwirken beide mit dem B- und dem C-Subband, wobei das C-Band aufgrund der geringen Besetzung nur einen sehr kleinen Beitrag liefern kann. Das B-Subband liegt auf der (11$\overline{2}$2)-Ebene bei dem hier vorliegenden Indiumgehalt etwa 12 meV tiefer als das A-Band, so dass eine geringere Besetzungswahrscheinlichkeit vorliegt.
Da die optische Polarisation $\vec{a}$ aufgrund der Doppelbrechung parallel zur c-Achse liegt, während das B-Band Übergänge mit einer Polarisation $\langle \vec{p} \rangle$ parallel zur c'-Achse zeigt, entsteht eine redu-

4.1. Anisotropie in semipolaren Strukturen

zierte Übergangswahrscheinlichkeit, die näherungsweise mit dem Kosinusquadrat der Winkeldifferenz $\angle\,(\vec{a},\vec{p})$ skaliert. Da sowohl eo- als auch o-Mode mit den selben Bändern wechselwirken, wird der Unterschied im Gewinn allein durch die Verkippung der optischen Polarisation verursacht. Es ist zu erwarten, dass für Kristallwinkel von weniger als 45° die o-Mode dominiert, während für größere Winkel der Unterschied zwischen eo- und o-Mode weiter zunehmen sollte.

Die Messungen und die Simulation zeigen einen im Vergleich zu dieser einfachen Betrachtung erhöhten Gewinn, was auf die Tatsache zurückzuführen ist, dass die Übergänge der Subbänder keine vollständige Polarisation zeigen (siehe Abbildung 4.3) und somit auch Übergänge in die anderen Subbänder möglich sind. Dies ist auch bei der Simulation berücksichtigt.

Das Maximum des Gewinns bei der c'-Richtung ist gegenüber der m-Richtung bei gleichen Anregungsleistungsdichten um etwa 30 meV zu höheren Energien verschoben. Aus Abbildung 4.3 erwartet man jedoch bei der $(11\bar{2}2)$-Ebene eine energetische Verschiebung der Subbänder gegeneinander von rund -15 meV. Der Grund für diesen relativ großen Unterschied könnten inhomogene Indiumverteilungen auf den Wafern sein. Da die Proben mit typischerweise $(4 \times 5)\,\text{mm}^2$ sehr klein sind, kommt es insbesondere am Rand der Proben während der Epitaxie aufgrund ungleichmäßiger Temperaturverteilung und inhomogener Strömungsverhältnisse der Prozessgase zu einem ungleichmäßigen Indiumeinbau.

Dies wurde durch Photolumineszenz-Kartierung (PL-mapping) bestätigt (siehe Abbildung 4.13). Zwar wurden durch laserunterstütztes Brechen die Ränder mit den größten Abweichungen entfernt, jedoch kann eine leichte Abweichung nicht komplett ausgeschlossen werden. Die Intensitätsverteilung und die Position des Intensitätsmaximums bei geringen Anregungsleistungen ist in Abbildung

4.13 gezeigt. Man erkennt eine Abweichung der Emissionsenergie von rund 10 meV.

Bei der Betrachtung der niederenergetischen Seite der Gewinnspektren fällt auf, dass die Verluste α_i für den c'-Resonator mit etwa $100\,\text{cm}^{-1}$ fast doppelt so groß sind wie für den m-Resonator ($\alpha_i \approx 50\,\text{cm}^{-1}$). Um dies zu erklären, muss die Morphologie des Wellenleiters betrachtet werden. In Abbildung 4.14 erkennt man, dass die Waferoberfläche nicht glatt ist, sondern streifige Höhenvariationen zeigt.

Im Interferenzkontrastmikroskopbild (Abbildung 4.14 links) sind Streifen in m-Richtung zu sehen, deren Höhe groß genug ist, um durch die erhöhte Rauigkeit zu Streuverlusten von in c'-Richtung verlaufenden Moden zu führen. Diese Streifen entstehen beim Wachstum [80], wobei die Mechanismen in der Stufenbildung hier nicht weiter betrachtet werden sollen. Ebenfalls vorhandene Morphologiestörungen mit Streifen in c'-Richtung (siehe AFM-Bild in Abbildung 4.14 rechts) sind mit rund 5 nm Höhe gegenüber der Wellenlänge λ klein und führen nicht zu stark erhöhten Verlusten.

Es ist bemerkenswert, dass trotz der erheblich höheren Verluste der Nettogewinn des c'-Resonators weiterhin höher ist als der des m-Resonators. Der Unterschied im modalen Gewinn und folglich auch im Materialgewinn ist demnach höher, als dies aus den Vergleichen der Schwellleistungen zu erwarten wäre.

In Abbildung 4.15 sind Gewinnmessungen an Einfachquantenfilmlasern auf $(11\bar{2}2)$-GaN mit unterschiedlichem Indiumgehalt in der aktiven Zone und unterschiedlicher Emissionswellenlänge dargestellt. Der Vergleich der bei 450 nm emittierenden Laser mit den zuvor detailliert untersuchten 405 nm-Lasern ergibt ein vergleichbares Bild: Der Gewinn in c'-Richtung ist höher als der des m-Resonators, was an der gegenüber der c-Achse verkippten Polarisation der Eigenmoden und der unterschiedlichen Besetzung der A- und B-Subbänder liegt.

4.1. Anisotropie in semipolaren Strukturen

Die Verbreiterung der Gewinnkurve des 450 nm-Lasers ist aufgrund der größeren Indiumfluktuationen deutlich größer (siehe Abbildung 4.15). Bei einem höheren Indiumgehalt wird eine Änderung der Polarisation der Subbänder erwartet [123], jedoch ist hier die Inhomogenität des Wafers und die Verbreiterung des Emissionsspektrums so groß, dass dies nicht nachgewiesen werden kann.

Beim Vergleich der Gewinnspektren in Abbildung 4.15 liegt der Nettogewinn der blau emittierenden Probe bei gleichen Anregungsleistungsdichten oberhalb des Gewinns des violetten Lasers. Dies ist aufgrund der größeren Verbreiterung der Lumineszenzkurve der blauen Struktur und der größeren Inhomogenitäten im Indiumgehalt (siehe Abbildung 4.16 links) nicht zu erwarten.

Der Grund ist, dass bei der Bestimmung des Gewinns ein Farbstofflaser mit 380 nm Anregungswellenlänge verwendet wurde. Die Laser haben aktive Zonen mit nominell 2% Indium in der Barriere. Der blaue Laser enthält aufgrund der abgesenkten Wachstumstemperatur in der aktiven Zone auch mehr Indium in den Barrieren, wodurch das Licht des Anregungslasers auch dort absorbiert werden kann. Dies erhöht das Absorptionsvolumen gegenüber dem violetten Laser erheblich, was bei gleichen Anregungsleistungsdichten zu höheren Ladungsträgerdichten im Quantenfilm führt.

Ein realistischer Vergleich des Gewinns ergibt sich aus den ASE-Schwellen bei nichtresonanter optischer Anregung mit einem 266 nm Pumplaser (siehe Abbildung 4.16 rechts). In diesem Fall liegt die Anregungsenergie weit oberhalb der Bandkante von GaN und das Absorptionsvolumen ist nahezu unabhängig vom Indiumgehalt der Quantenfilme und der Barrieren. Der Vergleich zeigt, dass die Schwelle der blauen 450 nm Laser in m- und c'-Richtung jeweils etwa doppelt so hoch ist wie die der violetten 405 nm Laser. Die Erhöhung der Schwelle ist eine Folge der Verbreiterung des PL- und somit auch des Gewinnspektrums.

Kapitel 4. Anisotropien und Polarisationsfelder in semipolaren Nitridhalbleitern

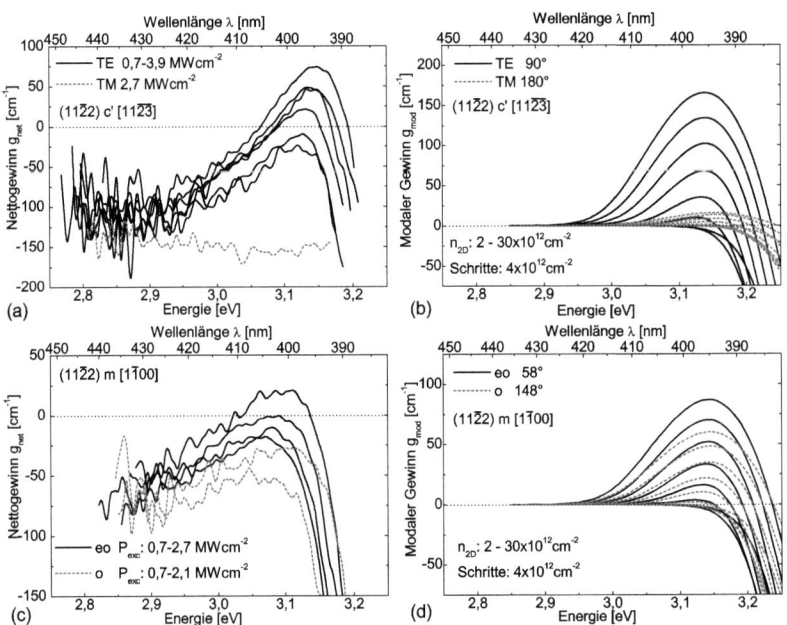

Abbildung 4.11

Gemessene (links, a und c) und simulierte polarisationsabhängige Gewinnspektren (rechts, b und d) einer Einfachquantenfilmstruktur auf semipolarem (11$\bar{2}$2)-GaN mit c'-Resonator (oben, a und b) und m-Resonator (unten, c und d). Der Gewinn ist im c'-Resonator in der TE-Mode maximal, in TM minimal. Dazwischen liegen eo- und o-Mode des m-Resonators.

4.1. Anisotropie in semipolaren Strukturen

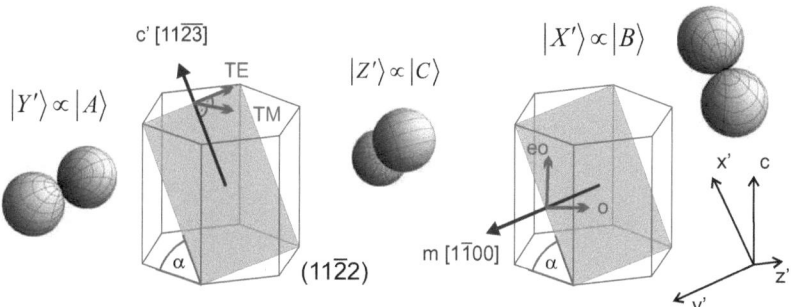

Abbildung 4.12
Der c'-Resonator hat TE- oder TM-polarisierte Eigenmoden und wechselwirkt mit dem A- bzw. C-Subband (links) während die außerordentlichen und ordentlichen Moden im m-Resonator mit dem B- und C-Subband wechselwirken (rechts).

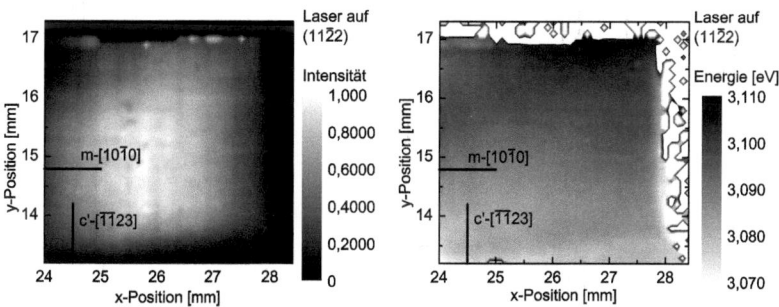

Abbildung 4.13
Die PL-Intensität und die Emissionsenergie für einen optisch gepumpten Laser auf einem (11$\bar{2}$2)-Wafer variieren örtlich. Messung C. Netzel

Kapitel 4. Anisotropien und Polarisationsfelder in semipolaren Nitridhalbleitern

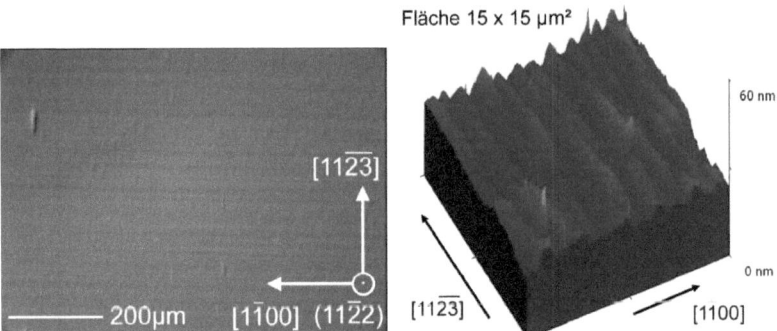

Abbildung 4.14
Das Interferenzkontrastbild (links) und das Rasterkraftmikroskopiebild (rechts) des optisch gepumpten 405 nm ($11\bar{2}2$)-Lasers aus Abbildung 4.11 zeigen streifige Morphologiestörungen, die die Verluste beeinflussen. Messung durch T. Wernicke und S. Ploch

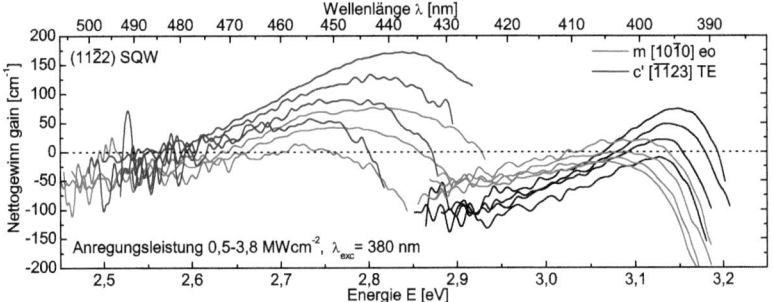

Abbildung 4.15
Die Gewinnspektren von zwei Einfachquantenfilmstrukturen auf semipolarem ($11\bar{2}2$)-GaN mit violetter und blauer Emission für verschiedene Resonatorrichtungen zeigen vergleichbares Verhalten unabhängig vom Indiumgehalt.

4.1. Anisotropie in semipolaren Strukturen

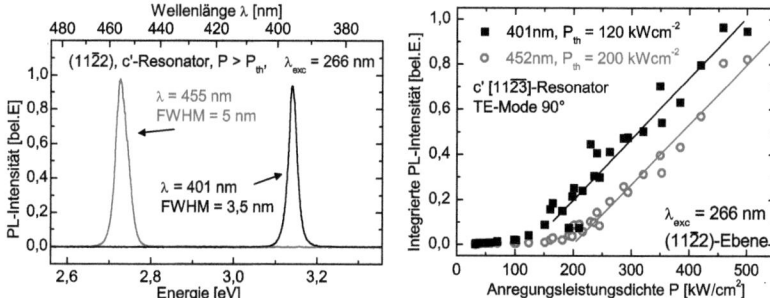

Abbildung 4.16
Die PL-Spektren oberhalb der Schwelle von Lasern auf semipolarem $(11\bar{2}2)$-GaN verbreitern sich mit zunehmender Wellenlänge (links) durch erhöhte Indiumfluktuationen. Dies erhöht die ASE-Schwelle bei nichtresonater Anregung (rechts).

4.2 Bestimmung der Polarisationsfelder

Nachdem die Theorie zur Entstehung, Stärke und Ausrichtung der internen Polarisationsfelder in Gruppe III-Nitriden im Kapitel 1.4 ausführlich betrachtet wurde, sollen nun hier experimentelle Methoden zur Bestimmung der Felder diskutiert und die Felder in polaren und semipolaren Proben mit Hilfe der spannungsabhängigen Transmissionsspektroskopie bestimmt werden. Die für diese Versuche hergestellten LED-Strukturen wurden im Kapitel 3.1 erklärt und untersucht.

4.2.1 Spannungsabhängige Transmissionsspektroskopie

Legt man an einen Halbleiter eine externe Spannung V_{ext} an, so entsteht im Inneren ein elektrisches Feld, das von der Dicke, Struktur und Dotierung und der Dielektrizität des Halbleiters bestimmt wird. Ist, wie im III-Nitridsystem, ein internes Polarisationsfeld vorhanden, so addieren sich internes und externes Feld. Dies kann experimentell zur Bestimmung der internen Felder genutzt werden. Durch Variation der externen Spannung werden die internen Felder verstärkt, abgeschwächt oder kompensiert. In Abbildung 4.17 ist die vereinfachte Bandstruktur für einen InGaN-Quantenfilm auf c-plane GaN gezeigt, die sich in Abhängigkeit der externen Spannung ändert. Hier muss zwischen der Bandlücke E_g und der effektiven Bandlücke $E_{g,eff}$ unterschieden werden. Während erstere für den feldfreien Fall gilt, ist letztere durch die Polarisationsfelder modifiziert. Dies kann zur Bestimmung des Gesamtfeldes in der Struktur verwendet werden.

Es gibt verschiedene Messmethoden zur Bestimmung der internen Felder, die alle auf dem gleichen Prinzip beruhen: Durch das angelegte externe Feld wird das interne Polarisationsfeld im Quantenfilm reduziert. Die durch den quantum confined Stark effect erzeugte Rot-

4.2. Bestimmung der Polarisationsfelder

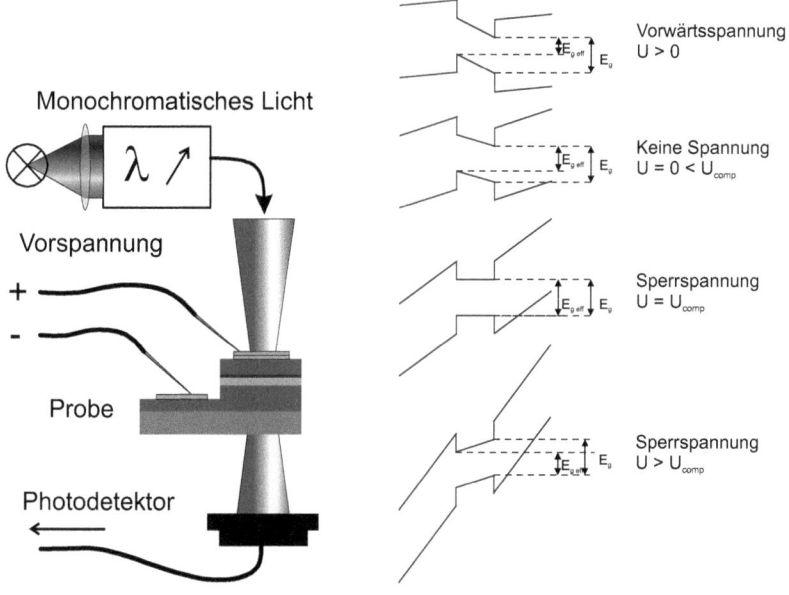

Abbildung 4.17
Links: Messaufbau zur vorspannungsabhängigen Transmission.
Rechts: Bandverbiegung durch Anlegen einer Vorwärts- oder Sperrspannung.

verschiebung wird schwächer, die effektive Bandlücke $E_{g,eff}$ größer und die Übergangswahrscheinlichkeit für strahlende Rekombination wächst an. Die spannungsabhängige effektive Bandlücke kann nun mittels Photolumineszenz- (PL), Transmissions- oder Reflexionsmessung bestimmt werden. Trägt man dann die Wellenlänge bei der PL beziehungsweise die Bandkante bei Transmission und Reflexion über der externen Spannung auf, so kann aus der entstehenden Kurve die Kompensationsspannung, bei der der Quantenfilm rechteckig ist und $E_g = E_{g,eff}$ ist, abgelesen werden.

Das gleiche Prinzip ist auch auf die Übergangsrate und die Messung der Ladungsträgerlebensdauern anwendbar. Es muss jedoch beachtet werden, dass auch die Bandstruktur außerhalb des Quantenfilms modi-

Kapitel 4. Anisotropien und Polarisationsfelder in semipolaren Nitridhalbleitern

fiziert wird (siehe auch Abbildung 4.17 unten) und so hohe Feldstärken im GaN vorliegen, was die Messung verfälscht. So werden im Falle der PL die erzeugten Ladungsträger durch das Feld abgezogen und können bei hohen Spannungen die dann dreieckig verformten Barrieren durchtunneln, wodurch die Intensität reduziert und die Messung verfälscht wird.

Im Fall der hier angewendeten Transmissionsmessungen muss berücksichtigt werden, dass die Absorptionsänderung der Quantenfilmschicht aufgrund der geringen Schichtdicke relativ gering ist. Der Absorptionskoeffizient von GaN liegt bei rund $\alpha_{abs} \approx 1 \times 10^5 \text{cm}^{-1}$ [130]. Nimmt man den idealisierten Fall einer stufenförmigen Absorptionskante an, die durch die Vorspannung lediglich verschoben wird, so ergibt sich daraus bei einer Quantenfilmdicke d von 10 nm eine Transmissionsänderung von $\Delta T = 1 - exp\,(-\alpha d) \approx 0,1$. In der Praxis ist die Änderung durch Indiumfluktuationen und die daraus folgende Aufweichung der Bandkante deutlich geringer.

Während die vorspannungsabhängige Änderung der Bandlücke im Quantenfilm durch den QCSE bewirkt wird, kommt es für das Volumenmaterial zu einer Modifikation der Übergangswahrscheinlichkeit, die als Franz-Keldysh-Effekt bezeichnet wird. Dieser entsteht durch die geneigten Bänder, wodurch sich die Oszillationsfrequenzen der freien Ladungsträger örtlich ändern. Die Folge ist eine komplexe spannungsabhängige Variation des Überlapps zwischen Elektronen- und Lochwellenfunktion und damit eine Änderung der Übergangswahrscheinlichkeit, die sich im Absorptionskoeffizienten zeigt. Im Spektrum zeigt sich der Franz-Keldysh-Effekt durch eine spannungsabhängige Verschiebung der GaN-Bandkante, die im Allgemeinen nichtlinear ist. Um QCSE und Franz-Keldysh-Effekt zu trennen, müssen der GaN- und der InGaN-Peak im Spektrum weit genug voneinander getrennt sein.

4.2. Bestimmung der Polarisationsfelder

Um das Maximum der Absorptionskantenänderung besser zu identifizieren, wurde die Änderung mittels Lock-In-Technik gemessen. Dabei wurde die externe Spannung an der Diode im Großsignalverfahren zwischen 0 V und V_{ext} moduliert. Die Spannung wird dabei als Rechtecksignal mit geringer Frequenz von 21,1 Hz moduliert und die Phaseninformation wird an den Lock-In-Verstärker weitergegeben. Das gemessene Signal ist nicht mehr der absolute Transmissionswert, sondern lediglich die Änderung der Transmission durch die Modulation der externen Spannung. Ausgewertet wird daher nicht nur die Position, sondern auch die spannungsabhängige Verschiebung der Bandkante.

Das Lock-In-Signal ist direkt an der Bandkante am größten, da sich hier der Absorptionskoeffizient am stärksten ändert, während es fernab der Bandkante keine Änderung gibt. Gemäß dem Schema in Abbildung 4.17 wird bei zunehmender externer Spannung V_{ext} eine kontinuierliche Zunahme des Lock-In-Signals bis zum Erreichen der Kompensationsspannung V_{FB} erwartet. Jenseits dieses lokalen Maximums verringert sich die effektive Bandlücke, der Effekt kehrt sich um und das Signal sinkt wieder. Um aus der Flachbandspannung das interne Polarisationsfeld bestimmen zu können, müssen weitere Parameter wie das eingebaute Feld des pn-Übergangs der untersuchten Probe bekannt sein.

Das gesamte elektrische Feld $\vec{E}_{ges}$ in einer pin-Diode mit dem Piezofeld $\vec{E}_{pz}$ und der externen Spannung V ist gegeben durch [131]:

$$\vec{E}_{ges} = \frac{V_{bi} - V - \vec{E}_{pz}d_{QW}}{d_u + d_d/2} + \vec{E}_{pz} \qquad (4.6)$$

Hierbei ist V_{bi} das Potential des pn-Übergangs (auch built-in-potential), d_{QW} ist die Summe der Dicken aller Quantenfilme und d_u ist die Breite des undotierten Bereichs bestehend aus Barrieren und Quantenfilm(en). Die Verarmungszonenbreite d_d ist gegeben durch [131]:

$$d_d = -d_u + \sqrt{d_u^2 + \frac{2\epsilon_r\epsilon_0}{q}\left(\frac{1}{N_A} + \frac{1}{N_D}\right)\left(V_{bi} - V + \vec{E}_{pz}d_{QW}\right)} \quad (4.7)$$

wobei N_D und N_A die Donator- und Akzeptorkonzentrationen sind. Der Zusammenhang ist in Kapitel 6.2 in Formel 6.8 hergeleitet. Wenn die internen Felder gerade kompensiert sind (dritte Abbildung von oben in Bild 4.17), ist das elektrische Feld im Quantenfilm in Gleichung 4.6 null und das interne Feld ist

$$\vec{E}_{pz} = \frac{V_{FB} - V_{bi}}{d_u - d_{QW} + d_d/2} \quad (4.8)$$

wobei V_{FB} die von außen angelegte Kompensationsspannung für den Flachbandfall im Quantenfilm ist. Die Bestimmung des eingebauten Potentials V_{bi} und der Breite der Verarmungszone d_d geschieht über spannungsabhängige Kapazitätsmessungen (CV). Die Kapazität C einer Diode ist gegeben durch

$$C(V) = \frac{\epsilon A}{d_u + d_d} \quad (4.9)$$

wobei ϵ die Dielektrizitätskonstante bestehend aus dem Produkt der Vakuumdielektrizität ϵ_0 und der Materialdielektrizität ϵ_r ist. A ist die Fläche des pn-Übergangs und ergibt sich durch die Bauteilgeometrie. Durch Einsetzen von Gleichung 4.7 in Gleichung 4.9 sind bei bekanntem d_u die Werte für d_d und $V_{bi} + \vec{E}_{pz}d_{QW}$ bestimmbar. d_u kann durch Röntgenbeugung oder in-situ-Reflexion bestimmt werden. Trägt man das Quadrat der invertierten Kapazität der Diode $1/C^2$ als Funktion der externen Spannung V_{ext} auf, so kann aus der Steigung der Kurve die effektive Dotierkonzentration N_d bestimmt werden, wobei $N_d^{-1} = N_D^{-1} + N_A^{-1}$ ist. Der Achsenabschnitt ergibt nach Abzug von d_u^2 das totale interne Potential V_{tot}, das sich aus dem built-in-Potential

4.2. Bestimmung der Polarisationsfelder

und dem Piezofeld zusammensetzt: $V_{tot} = V_{bi} + \vec{E}_{pz} d_{QW}$. Somit ändert sich Formel 4.8 zu

$$\vec{E}_{pz} = \frac{V_{FB} - V_{tot}}{d_u + d_d/2} \qquad (4.10)$$

Die direkte Bestimmung von V_{bi} mittels CV-Messung ist wesentlich genauer als die von Shen, Feneberg und Renner ([132], [133], [134], [135]) verwendete Methode, das built-in-Potential über die - nur ungenau bestimmbaren - Dotierkonzentrationen N_D und N_A zu errechnen und die Gleichungen selbstkonsistent zu lösen.

Die größte Ungenauigkeit ergibt sich dabei aus der unbekannten Dicke des undotierten Bereichs d_u, da diese nicht zerstörungsfrei gemessen werden kann. Es ist zwar möglich, die nominelle Dicke aus dem Epitaxierezept zu verwenden, jedoch kann das für die p-Dotierung verwendete Magnesium in tiefere Schichten zurück diffundieren und somit d_u verringern. Wird dies nicht berücksichtigt, so ist der aus der CV-Messung bestimmte Wert für das built-in-potential zu klein, was direkt in das errechnete Polarisationsfeld eingeht. Auch die immer vorhandene negative Hintergrunddotierung in GaN beeinflusst das Ergebnis, wird aber hier im Allgemeinen mit null angenommen. Der dadurch auftretende Fehler ist vernachlässigbar, solange die p- und n-Dotierungen in den jeweiligen Bereichen deutlich größer sind als die Hintergrunddotierung.

Bei David et al. [136] wurde das effektive Feld in den Quantenfilmen einer Vielfachquantenfilmstruktur (MQW) beschrieben. Dies wurde von Takeuchi et al. zur Bestimmung der piezoelektrischen Felder in Quantenfilmen auf polarem GaN verwendet [137]. In beiden Fällen wurde der in Formel 4.6 angegebene Faktor 1/2 ignoriert, was zu einer Verfälschung der Ergebnisse führt. Der Faktor wurde von Jho et al. eingeführt, um eine zur Poissongleichung selbstkonsistente Lösung zu finden [138]. Dabei wird davon ausgegangen, dass sich das elektrische Feld im Bereich der Verarmungszone nicht abrupt ändert, sondern linear von Null bis auf den maximalen Wert ansteigt.

Auch bei der verwendeten Größe für die Bestimmung der Breite der Verarmungszone d_d wurden in der Vergangenheit unzureichende Modelle verwendet. So hat Brown et al. für die Bestimmung piezoelektrischer Felder in InGaN-Quantenfilmen zwar die korrekte Formel für die internen Felder verwendet, jedoch wurde dabei der Einfluss des Polarisationsfeldes auf d_d vernachlässigt und der Term $\vec{F}_{pz}d_{QW}$ in Gleichung 4.7 wurde nicht berücksichtigt, was zu einem erheblichen Fehler bei der Bestimmung von d_d und folglich auch von $\vec{E}_{pz}$ führen kann.

Von Shen et al. wurden Elektroreflexionsmessungen an $(11\bar{2}2)$ InGaN SQWs durchgeführt [132]. Es wurde aus der Verschiebung der Franz-Keldysh-Oszillationen auf einen Nulldurchgang des Polarisationsfeldes unterhalb von 58°, dem Kristallwinkel der $(11\bar{2}2)$-Ebene, geschlossen. Diese Schlussfolgerung ist jedoch fehlerhaft, da Shen et al. den zweiten Term in Formel 4.6 ignoriert haben und so zu einer falschen Bedingung für den Flachbandfall kamen. In einer späteren Untersuchung von SQWs auf semipolarem $(10\bar{1}\bar{1})$ GaN dagegen wird die korrekte Formel verwendet, wobei auch hier ein Nulldurchgang gefunden wurde [134].

4.2.2 Polarisationsfelder in polaren Proben

Zur Bestimmung der internen Polarisationsfelder von Quantenfilmen auf (0001) c-plane GaN wurden EBL-freie LED-Strukturen mit GaN-Barrieren und dreifachem InGaN-Quantenfilm auf Saphirsubstrat gewachsen. Die Schichtstruktur wurde bewusst einfach gehalten, um zusätzliche Bandverbiegungen am Übergang zum EBL oder den Barrieren zu vermeiden. Die LEDs zeigen Elektrolumineszenz bei 410 nm mit einer vollen Halbwertsbreite von rund 25 nm. Die spektralen Eigenschaften sind in Kapitel 3.1 in Abbildung 3.8 näher untersucht.

4.2. Bestimmung der Polarisationsfelder

Das Transmissionsmodulationsspektrum enthält zwei deutliche Signalanteile, die sich der GaN- und der InGaN-Bandkante zuordnen lassen (siehe Abbildung 4.18). Wie erwartet nimmt das Signal des InGaN-Quantenfilms bei 397 nm mit zunehmender Sperrspannung zunächst zu, erreicht bei der Kompensationsspannung ein lokales Maximum und fällt bei weiterer Zunahme der Sperrspannung nach Überschreiten der Kompensationsspannung wieder ab (Abbildung 4.18 rechts). Das Signal der GaN-Kante bei rund 370 nm dagegen verschiebt sich kontinuierlich, da hier der Franz-Keldysh-Effekt zu einer monotonen Änderung führt. Die Kompensationsspannung kann nun zusammen mit den aus CV-Messungen ermittelten und den aus den Wachstumsparametern errechneten Werten zur Bestimmung der Polarisationsfelder verwendet werden. Dabei wurden aus CV-Messungen für die Dreifachquantenfilmstruktur ein totales Potential $V_{tot} = 3,20 \pm 0,05$ V und eine Gesamtverarmungszonenbreite $d_u + d_d = 86 \pm 1$ nm ermittelt, woraus sich bei einer nominell undotierten Schichtdicke $d_u = 52$ nm das folgende Polarisationsfeld E_{pz} ergibt:

$$\vec{E}_{pz} = \frac{V_{FB} - V_{tot}}{d_u + d_d/2} = \frac{-4,7 - 3,2 \text{V}}{69 \text{ nm}} = -1,1 \text{ MV/cm} \qquad (4.11)$$

Dieser Wert ist mit einem relativ großen Fehler behaftet, wobei der größte Beitrag von der Dicke der undotierten Schicht d_u kommt. Diese könnte durch eine unbekannte beziehungsweise falsch berechnete Wachstumsrate sowie die Rückdiffusion von Magnesium in die aktive Zone signifikant beeinflusst werden. Die Genauigkeit von V_{tot}, V_{FB} und d_d ist dagegen deutlich höher, so dass d_u dominiert. In diesem Fall muss von einem Gesamtfehler von rund 10% ausgegangen werden.

Der bestimmte Wert von -1,1 MV/cm für einen Dreifachquantenfilm mit rund 12% Indium in der aktiven Zone entspricht einer Polarisation von $\vec{P} = \epsilon_0 \epsilon_r \vec{E}_{pz} = 0,010 \text{ C/m}^2$ und liegt im Bereich der von anderen

Kapitel 4. Anisotropien und Polarisationsfelder in semipolaren Nitridhalbleitern

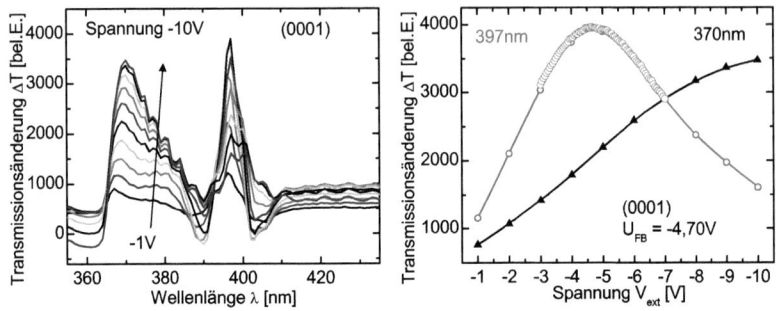

Abbildung 4.18
Transmissionsmodulationsmessungen an c-planaren LEDs.
Links: Das Spektrum zeigt den GaN- und den InGaN-Anteil.
Rechts: Der GaN-Peak wächst monoton mit der Sperrspannung, der InGaN-Peak zeigt ein Maximum bei $U = -4,7\,V$.

Gruppen experimentell gezeigten Werte für polare Strukturen von -1,9 MV/cm ([133]), -1,2 MV/cm ([137]) oder -1,1 - -1,4MV/cm ([135]).

4.2.3 Polarisationsfelder in semipolaren Proben

Die Probenstruktur der semipolaren Proben auf verschiedenen Kristallebenen ist dieselbe wie bei den im vorangegangenen Abschnitt untersuchten c-plane Proben. Der einzige Unterschied liegt im Substrat, da in diesem Fall homoepitaktisch auf freistehendem GaN gewachsen wurde. Die Elektrolumineszenz- und Photostromspektren in Abbildung 3.8 zeigen Wellenlängen von 399-433 nm mit Halbwertsbreiten von 25-30 nm. In den Photostrommessungen ist zu erkennen, dass die InGaN-Bandkante aufgeweicht ist, was auf Indiumfluktuationen und verstärkte Lokalisation zurückzuführen ist.

Im Falle der semipolaren Proben ergibt sich bei der Messung der Polarisationsfelder eine zusätzliche Schwierigkeit: Wie man aus Gleichung 4.10 erkennt, muss für den Flachbandfall nicht nur das interne Polarisationsfeld $\vec{E}_{pz}$, sondern auch das eingebaute Potential V_{bi} berücksichtigt werden. Da normalerweise die p-Schicht nach der n-

4.2. Bestimmung der Polarisationsfelder

Schicht und der aktiven Zone gewachsen wird, um Magnesiumdiffusionen zu begrenzen, sind V_{bi} und $\vec{E}_{pz}$ parallel gerichtet. Ist nun im Falle semipolarer Proben das Polarisationsfeld invertiert (siehe Abbildung 1.7), so muss an die Probe eine externe Spannung angelegt werden, die größer als das totale interne Potential V_{tot} ist. Dies bedeutet jedoch, dass die Bänder komplett flach gezogen sind und somit ein großer Strom in Vorwärtsrichtung fließt, der die angelegte Spannung abbaut. Darüber hinaus kommt es zu Elektrolumineszenz, die sich nur schwer oder gar nicht von der modulierten Transmission unterscheiden lässt.

In Abbildung 4.19 sind die Transmissionsänderungen zweier semipolarer LEDs auf $(10\bar{1}1)$ und $(20\bar{2}1)$ gezeigt. Im Vergleich mit der Messung der polaren (0001)-Probe fällt auf, dass die InGaN-Peaks deutlich breiter sind, was auch in den PL-, EL- und Photostrommessungen bestätigt wurde. Im Gegensatz zur polaren Probe lässt sich hier keine Kompensationsspannung finden. Sowohl der GaN- als auch der InGaN-Peak ändern ihre Amplitude kontinuierlich mit der angelegten Spannung. Messartbedingt kommt es bei 0 V zu einer Umkehrung der Richtung der Amplitudenänderung durch eine Phasenumkehr der Pulsquelle. Da diese sowohl den GaN- als auch den InGaN-Peak betrifft, kann sie als Messartefakt identifiziert und ignoriert werden.

Ab Vorwärtsspannungen von rund 2 - 2,5 Volt ist die einsetzende Elektrolumineszenz so stark, dass die gesamte Transmissionskurve verschoben wird (Abbildung 4.19 links, schwarze Kurve für 2,0 V). Daher kann hier nur eine obere Grenze für die Feldstärke angegeben werden, nicht jedoch ein exakter Wert. Auch die Frage, ob es eine Umkehrung der Feldrichtung gibt, muss an dieser Stelle unbeantwortet bleiben.

Im Falle der semipolaren Proben wurde darüber hinaus auch ein großer Fehler bei der Dicke der intrinsischen Zone d_u beobachtet. Daher ist die gesamte Auswertung mit einem großen Fehler behaftet. Schätzt man $V_{tot} \approx 2\,\mathrm{V}$, $V_{FB} \geq +2,5\,\mathrm{V}$, $d_u \approx 25\,\mathrm{nm}$ und $d_u + d_d = 37\,\mathrm{nm}$,

Kapitel 4. Anisotropien und Polarisationsfelder in semipolaren Nitridhalbleitern

so ergibt sich $\vec{E}_{pz} \geq -3\text{kV/cm}$. Nach Romanov et al. [58] wird für 10% Indium im Quantenfilm auf (20$\bar{2}$1) ein Polarisationsfeld von rund +350kV/cm erwartet. Eine Feldumkehrung wie von Shen et al. berichtet [134], ist somit wahrscheinlich. Feneberg et al. dagegen berichten PL-Messungen an Quantenfilmen auf selektiv gewachsenen (und damit potentiell zusätzlich verspannten) (10$\bar{1}$1)-Ebenen. Hier wurde eine Feldstärke von -0,1 MV/cm ohne Richtungsumkehr bei einer Wellenlänge von rund 435 nm beobachtet [133].

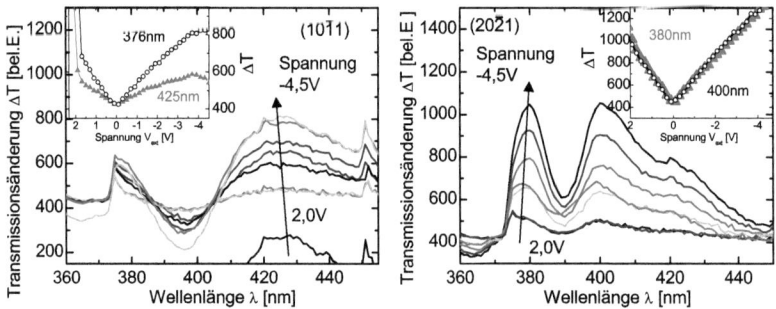

Abbildung 4.19
Bei den Transmissionsmodulationsmessungen an (10$\bar{1}$1)- und (20$\bar{2}$1)-plane LEDs gibt es im Messbereich kein lokales Maximum.

4.2.4 Alternative Methoden zur Bestimmung der internen Polarisationsfelder

Um die Elektrolumineszenz besser von dem sehr schwachen Transmissionssignal zu trennen, wurde die vorspannungsabhängige Photolumineszenz gemessen. Ziel war die Bestimmung der spannungsabhängigen Wellenlängenverschiebung. Da in diesem Versuch der PL-Anregungslaser moduliert wurde, die externe Spannung dagegen nicht, war eine Trennung von EL- und PL-Signal mit Hilfe eines Lock-In-Verstärkers möglich. Bei nichtresonanter Anregung war jedoch die Defektlumineszenz der 500 nm dicken mit Magnesium dotierten p-GaN-

4.2. Bestimmung der Polarisationsfelder

Schicht so stark, dass das PL-Signal der Quantenfilme überstrahlt wurde und nicht aufgelöst werden konnte. Bei resonanter Anregung der Quantenfilme mittels eines Diodenlasers und Abkühlung der Probe auf Tieftemperatur war die Quantenfilmlumineszenz zwar messbar, jedoch musste der Versuch der vorspannungsabhängigen Tieftemperatur-PL-Messung aufgrund der geringen Lumineszenzstärke und des hohen Aufwands bei der elektrischen Kontaktierung im Kryostaten abgebrochen werden.

Um das Problem zu umgehen, dass das built-in-potential und die Polarisationsfelder in semipolaren Proben parallel liegen und somit die externe Spannung in Vorwärtsrichtung angelegt werden muss, bieten sich zwei Methoden: Die Änderung der Polarisationsfeldrichtung in Bezug auf die Oberfläche oder die Umkehrung des eingebauten Potentials V_{bi} durch Umkehrung der Schichtstruktur am pn-Übergang.

Variation der Substratorientierung

Für die erste Methode muss die Struktur auf stickstoffpolaren Orientierungen (z.B. $(000\bar{1})$, $(11\bar{2}\bar{2})$, $(20\bar{2}\bar{1})$) gewachsen werden, wodurch sich das Feld mit Bezug zur Wachstumsrichtung umkehrt. Dazu kann entweder beim Waferhersteller ein auf der Rückseite polierter oder unter einem anderen Winkel aus dem bulk-Kristall geschnittener Wafer verwendet oder im Falle der Heteroepitaxie durch geeignete Wahl der Nitridierungsbedingungen [139, 140] die Polarität beeinflusst werden. Die Schwierigkeit hierbei besteht darin, dass sich die Wachstumsbedingungen zum Teil erheblich von denen der normalerweise genutzten Ga-polaren Richtung unterscheiden, was einen erhöhten Epitaxie- und Experimentierbedarf zur Folge hat.

LED mit invertiertem pn-Übergang

Bei der zweiten Methode wächst man zunächst die p-Schicht und dann die n-Schicht, wodurch die Richtung des built-in-Potentials im Verhältnis zur Wachstumsrichtung invertiert wird. Dies ist jedoch aus experimenteller Sicht noch erheblich schwieriger zu bewerkstelligen als der zuvor genannte Punkt. Das zur p-Dotierung verwendete Magnesium kann in die darüber liegenden Schichten diffundieren und somit die aktive Zone degradieren. Die Dicke der intrinsischen und gegebenenfalls auch die der n-leitenden Schicht wird verändert und die Dotierkonzentration wird modifiziert.

Da sich Magnesium im gesamten MOVPE-Reaktor ablagert und damit bei nachfolgenden Schichten verzögert eingebaut wird, kommt für diese Methode nur eine Zweischritt-Epitaxie in Frage. Dabei wird zunächst die p-Seite gewachsen, um anschließend den leeren Reaktor durch einen Ausheizschritt zu reinigen. Erst, wenn der Reaktor nicht mehr mit Magnesium belegt ist, wird die zweite Hälfte der Epitaxie durchgeführt, bei der die aktive Zone und die n-Schicht gewachsen werden.

Neben der Epitaxieschwierigkeit muss in diesem Falle noch beachtet werden, dass Vorderseitenkontakte wie in Abbildung 1.11 gezeigt nicht verwendbar sind, da die Stromführung im p-Gebiet durch die erheblich geringere Beweglichkeit der Ladungsträger deutlich schlechter als im n-Gebiet ist und somit die externe Spannung ungleichmäßig und nur am Rand des n-Kontakts abfallen würde. Dies ist in Abbildung 4.20 links für eine np- und eine pn-LED dargestellt. Aufgrund des geringeren Widerstands und der höheren Ladungsträgerbeweglichkeit im n-Gebiet findet hier der Großteil der lateralen Stromverteilung statt, während im p-Gebiet vornehmlich vertikale Strompfade sichtbar sind.

Es muss beachtet werden, dass bei den hier verwendeten LED-Designs üblicherweise laterale Entfernungen von einigen hundert Mikrometern

4.2. Bestimmung der Polarisationsfelder

auftreten, während die vertikalen Wege im Bereich von weniger als einem Mikrometer liegen. Diese Strompfadeinschnürung (current crowding) führt somit zu einer erheblichen Abweichung des angelegten Feldes vom tatsächlich wirksamen externen Feld, wodurch die Messung verfälscht wird. Rückseitenkontakte dagegen müssten transparent sein und sind nur bei homoepitaktisch gewachsenen Proben verwendbar. Da aber die üblichen Substrate entweder n-leitend sind oder eine negative Hintergrunddotierung haben, würde sich zwischen p-Schicht und Substrat ein zweiter pn-Übergang bilden, der entgegen dem oberen an der aktiven Zone orientiert ist.

In Abbildung 4.20 rechts ist eine Photographie der Emissionscharakteristik einer LED mit unten liegender p-Schicht gezeigt. Die raue Rückseite des Saphirwafers wurde hierfür abpoliert. Blaue Elektrolumineszenz aus der aktiven Zone entsteht nur an der Kante des n-Kontaktes bzw. der Mesa, da hier die höchste Stromdichte herrscht. Die gelben Punkte sind Stellen, an denen lokale Strompfade und Defektlumineszenz auftreten. Diese Methode ist aufgrund der großen messtechnischen und epitaktischen Schwierigkeiten nicht zielführend. Dies macht für eine exakte Bestimmung der Polarisationsfelder die Verwendung zusätzlicher stickstoffpolarer Kristallorientierungen nötig.

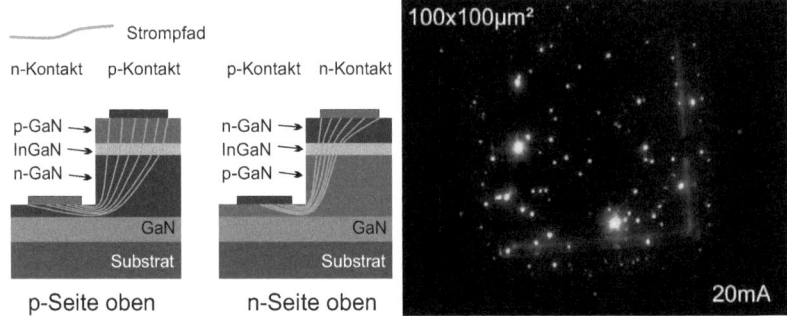

Abbildung 4.20
Die Stromverteilung (links) und die daraus resultierende Lumineszenzverteilung (rechts) einer c-plane LED mit oben liegender n-Schicht ist stark inhomogen.

Zusammenfassung

In diesem Kapitel wurden die in semipolaren und nichtpolaren InGaN-Quantenfilmstrukturen auftretenden physikalischen Effekte untersucht, die sich durch die Verkippung der Wachstumsebene gegenüber der c-Ebene und durch die Brechung der Rotationssymmetrie um die c-Achse ergeben.

Die Brechung der Symmetrie führt zur Entstehung von **Anisotropien**, die im ersten Abschnitt dieses Kapitels betrachtet wurden. Durch anisotrope Verspannungen in nichtpolaren und semipolaren InGaN-Quantenfilmen kommt es zur Aufhebung der „Entartung" der leichten und schweren Lochbänder am Γ-Punkt, wie sie in c-plane-Strukturen auftritt. Es bilden sich Valenzsubbänder aus, bei denen das Impuls-Matrixelement vornehmlich parallel zu den (x', y', z')-Achsen ausgerichtet ist. Die Folge davon ist, dass die spontane Emission von InGaN-Quantenfilmen auf semipolaren und nichtpolaren Substraten optisch polarisiert ist. Der Polarisationsgrad und die Ausrichtung der Polarisation bezüglich der Kristallachsen sind abhängig vom Indium-

4.2. Bestimmung der Polarisationsfelder

gehalt der aktiven Zone sowie vom Kristallwinkel α und zeigen einen indiumgehaltabhängigen Nulldurchgang im Bereich von rund 60°.

In Laserstrukturen muss neben der Anisotropie der Bänder auch die Polarisation der optischen Moden berücksichtigt werden, da der Wurtzitkristall doppelbrechend ist. Die bei stimulierter Emission erlaubten Eigenmoden in c'-Richtung können TE- oder TM-polarisiert sein, wobei das elektrische Feld $\vec{E}$ parallel oder senkrecht zur Oberfläche steht. In m- oder a-Richtung dagegen muss $\vec{E}$ parallel oder senkrecht zur c-Achse des Kristalls stehen, da diese die außerordentliche Achse der Doppelbrechung ist. Daher werden die Moden als außerordentlich (eo) und ordentlich (o) bezeichnet. Durch die Wechselwirkung der richtungsabhängigen Eigenmoden mit der anisotropen Bandstruktur ergibt sich ein von der Richtung des Laserresonators abhängiger Gewinn: In c'-Richtung ist der Material- und somit auch der Nettogewinn am höchsten, wobei die TE-Mode mit dem höchsten Subband A wechselwirkt. Die TM-Mode (C-Subband) zeigt praktisch keinen Gewinn. In m- oder a-Richtung ist der Gewinn reduziert, da der Übergang zum tiefer liegenden und somit weniger besetzten B-Band stattfindet und darüber hinaus durch eine Verkippung der optischen Mode gegenüber der Polarisation der Übergänge in die Subbänder das Übergangsmatrixelement und somit die Oszillatorstärke reduziert ist. Die eo-Mode zeigt bei Winkeln α von mehr als 45° einen höheren Gewinn als die o-Mode.

Im zweiten Abschnitt dieses Kapitels wurden verschiedene Messmethoden zur **Bestimmung der internen Polarisationsfelder** in III-Nitrid-Quantenfilmstrukturen diskutiert. Die Elektrotransmissionsspektroskopie wurde zur Untersuchung von polaren und semipolaren Einzel- und Mehrfachquantenfilmstrukturen verwendet. Das elektrische Feld in einer polaren Probe konnte mit diesem Verfahren bestimmt werden, wobei ein Wert von rund -1,1 MVcm^{-1} ermittelt wurde. In semipolaren Proben mit $\alpha = 61°$ und $\alpha = 75°$ konnte abgeschätzt werden, dass das Feld größer als -3 kVcm^{-1} ist, wobei jedoch die Existenz einer Feldumkehr und gegebenenfalls die Größe einer negativen Feldstärke nicht eindeutig nachgewiesen werden konnte. Ursache dafür ist die Begrenzung der angelegten externen Spannung durch die Parallelität des eingebauten Potentials des pn-Übergangs und des Polarisationsfeldes. Verschiedene Methoden zur Umkehr der Feldrichtung des eingebauten Potentials gegenüber dem internen Polarisationsfeld wurden diskutiert und am Beispiel der c-Ebene erprobt. Auf der Grundlage der dabei gefundenen Ergebnisse wird die Messung auf stickstoffpolaren Proben wie der ($20\bar{2}1$)-Ebene für weitere Untersuchungen als vielversprechend angesehen.

5 Zusammenfassung

In dieser Arbeit wurden die charakteristischen Eigenschaften von nichtpolaren und semipolaren Lichtemittern basierend auf InGaN-Quantenfilmstrukturen untersucht. Dabei wurden verschiedene Aspekte betrachtet, die für die Optimierung und Realisierung von effizienten Bauelementen wie Leuchtdioden und Halbleiterlasern von großem Interesse sind.

Im ersten Teil der Arbeit wurden Technologien untersucht, die für die Herstellung von semipolaren und nichtpolaren LEDs und Lasern essentiell sind.

Im zweiten Teil wurden diese Ergebnisse verwendet, um LEDs und Laser auf verschiedenen semipolaren und nichtpolaren Kristallorientierungen zu realisieren und optimieren.

Im dritten Teil standen physikalische Besonderheiten semipolarer Nitridhalbleiter wie die Anisotropie des Gewinns und die internen Polarisationsfelder im Mittelpunkt.

Um Bauelemente auf den sehr kleinen freistehenden GaN-Substraten kommerzieller Anbieter herzustellen, müssen spezielle Prozessierungsverfahren entwickelt werden. Dabei spielt insbesondere das so genannte Handling eine große Rolle. Verschiedene Verfahren zum Aufkleben der Substrate auf Trägerwafern wurden erprobt und optimiert, wobei sich das Kleben mit Photolack sowie in eingeschränktem Maße das Kleben mit Benzocyclobenzen (BCB) anbieten.

Die Herstellung von ohmschen Kontakten ist ein wichtiger Aspekt bei der Realisierung optoelektronischer Bauelemente. Dabei ist beim

Kapitel 5. Zusammenfassung

InAlGaN-System der p-Kontakt von großer Wichtigkeit, da hier aufgrund der großen Bandlücke, der Elektronenaffinität und der Schwierigkeit beim Wachstum hochdotierter p-Schichten kein Metall existiert, dessen Austrittsarbeit groß genug ist um einen rein ohmschen Metall-Halbleiterübergang zu realisieren. Bei der Verwendung von semipolarem GaN kommen weitere Schwierigkeiten wie ein veränderter Magnesiumeinbau, eine größere Oberflächenrauigkeit, eine erhöhte Defektdichte sowie eine unbekannte Oberflächenterminierung hinzu. Im Rahmen dieser Arbeit wurden Methoden wie die Verwendung von InGaN-Deckschichten zur Erzeugung hoher Ladungsträgerkonzentrationen nahe am Kontakt theoretisch untersucht, wobei sich zeigte, dass diese Methode aufgrund der reduzierten Polarisationsfelder nicht erfolgversprechend ist.

Es wurden unterschiedliche Metallisierungen für p-Kontakte wie Palladium, Nickel-Gold und Silber-Gold erprobt und bezüglich ihrer Eignung untersucht. Die Kontakte weisen alle ein Schottky-artiges Verhalten auf, wobei dieses ebenso wie der spezifische Kontaktwiderstand durch thermische Formierung in Stickstoff oder Sauerstoff stark verbessert werden kann. Auf heteroepitaktisch hergestelltem p-GaN ist die Streuung bei zu Nickeloxidgold formierten Kontakten aufgrund der ungleichmäßigen Oxidation des Nickels bei rauen Proben deutlich größer als bei unter Stickstofffluss formierten Palladiumkontakten.

Um Oberflächenverunreinigungen und Oxide zu entfernen, wurden nasschemische Behandlungen mit verschiedenen Säuren wie Salzsäure, Schwefelsäure und Flusssäure sowie mit Kaliumhydroxid erprobt, wobei hier keine signifikanten Unterschiede erkennbar waren. Durch Vergleich der p-Kontakte von homoepitaktisch gewachsenen Leuchtdioden auf verschiedenen semipolaren und nichtpolaren Ebenen und Extrapolation konnte gezeigt werden, dass Kontaktwiderstände im Bereich von $10^{-4}\,\Omega\mathrm{cm}^2$ bei typischen Stromdichten von $10\,\mathrm{kAcm}^{-2}$ erreichbar sind. Der große Unterschied im Kontaktwiderstand von rund einer Größenordnung bei kleinen Stromdichten zwischen Kontakten auf semipolarem und c-plane p-GaN ist mit hoher Wahrscheinlichkeit auf die bei semipolaren Ebenen veränderte Bindungskonfiguration zurückzuführen. Diese führt zu einer vereinfachten Oxidation und einer Erhöhung der Schottkybarriere durch Fermi-pinning.

Um einen semipolaren InGaN-Laser herzustellen, müssen glatte und senkrechte Laserspiegel erzeugt werden, was jedoch insbesondere für Resonatoren entlang der Projektion der c-Achse auf die Wachstumsebene (c'-Richtung) eine erhebliche Herausforderung darstellt, da hier keine niedrig indizierten Spaltebenen existieren. Der minimale Winkel für Laserfacetten wurde berechnet und es wurden verschiedene Methoden zur Erzeugung solcher Facetten untersucht. Für polare und nichtpolare Laserfacetten eignet sich ein Spaltprozess, bei dem die Spaltrichtung durch Ritzen mit einem UV-Laser vorgegeben wird. Auf diesen Kristallebenen wurden senkrechte Facetten mit einer Oberflächenrauigkeit von weniger als einem Nanometer im Bereich des Wellenleiters demonstriert. Für die Facette der c'-Richtung ist dieses Verfahren weniger geeignet, da hier geneigte Facetten entstehen, weshalb ein auf Chlor basierendes Trockenätzverfahren entwickelt wurde. Dieses führt auf der c-Ebene zu senkrechten Laserfacetten, deren Rauigkeit mit der von gespaltenen Facetten vergleichbar ist. c'-Facetten sind glatt und krümmungsfrei, weisen jedoch einen Winkel von etwa 83° auf. Durch nasschemisches Nachätzen in KOH kann diese Neigung reduziert werden. Mit Hilfe des vergleichsweise aufwendigen fokussierten Ionenstrahlätzens (FIB) sind senkrechte und sehr glatte Laserfacetten in jeder beliebigen Richtung realisierbar.

Im Rahmen dieser Arbeit wurden Leuchtdioden im ultravioletten, violetten, blauen und grünen Spektralbereich mit bis zu 3 mW Ausgangsleistung und Durchlassspannungen von 3-6 V angefertigt. Diese zeigen erwartungsgemäß eine zunehmende Verbreiterung der Emissionswellenlänge mit zunehmendem Indiumgehalt durch Mischungs- und Quantenfilmdickenfluktuationen. Leuchtdioden konnten auf polaren,

Kapitel 5. Zusammenfassung

semipolaren und nichtpolaren Ebenen realisiert werden und es wurde nachgewiesen, dass das emittierte Licht von LEDs auf nicht-c-plane-Orientierungen teilweise polarisiert ist, was die Aufhebung der Entartung der Subbänder beweist.

Es wurden optisch pumpbare Laserstrukturen mit AlGaN-GaN Wellenleitern im Wellenlängenbereich von 380 bis 470 nm auf der nichtpolaren $(10\bar{1}0)$- und den semipolaren $(10\bar{1}2)$-, $(11\bar{2}2)$-, $(10\bar{1}1)$-, und $(20\bar{2}1)$-Orientierungen hergestellt. Diese zeigen Schwellleistungsdichten für ASE im Bereich von 120-2000 kWcm^{-2}, wobei die niedrigsten Schwellen auf der $(11\bar{2}2)$-Oberfläche erreicht wurden. Durch Berechnung der Modenführung und des optischen Confinementfaktors wurde die Wellenleitung optimiert und es wurden semipolare Laser mit AlGaN-GaN- beziehungsweise mit GaN-InGaN-Wellenleitern hergestellt. Da Laser mit AlGaN-GaN-Wellenleiter auf der $(20\bar{2}1)$-Orientierung relaxieren, wurden aluminiumfreie Laser auf dieser Oberfläche hergestellt und analysiert. Laser mit einem symmetrischen In$_{0,04}$Ga$_{0,96}$N-Wellenleiter von 2 × 70 nm Dicke und mit GaN-Mantelschichten zeigen vielversprechende Schwellen und stellen einen guten Kompromiss zwischen Confinement und Verspannung dar. Der nächste Schritt wird die Herstellung elektrisch gepumpter Laserstrukturen sein, wobei die Erkenntnisse aus der Optimierung der LEDs und der optisch gepumpten Laser eine wichtige Ausgangsbasis sind.

Sollen Laser auf anderen als der c-Ebene hergestellt werden, muss die Reduktion der Kristallsymmetrie berücksichtigt werden. Die Folgen sind vielfältig: Neben der Verringerung der Polarisationsfelder führt die entstehende Verspannung zu einer anisotropen Verzerrung der Wurtzit-Einheitszelle. Die Folge ist unter anderem eine Verzerrung der Valenzsubbänder und die energetische Trennung der $|p_x\rangle$- und $|p_y\rangle$-Subbänder am Gammapunkt. Die entstehenden $|A\rangle$-, $|B\rangle$- und $|C\rangle$-Subbänder ermöglichen polarisierte Übergänge, wobei die Polarisationsachsen des Impuls-Matrixelements parallel oder senkrecht zur

Probenoberfläche orientiert sind. Photolumineszenzmessungen an semipolaren Proben zeigen, dass das spontan emittierte Licht durch die Valenzsubbandstruktur teilweise oder vollständig polarisiert ist.
Darüber hinaus ist bei Lasern auf semipolaren Ebenen die Ausrichtung des Laserresonators von erheblicher Bedeutung. Es wurde gezeigt, dass in der doppelbrechenden Wurtzitstruktur des III-Nitridsystems nur solche optischen Eigenmoden polarisationserhaltend geführt werden können, bei denen der $\vec{E}$-Vektor parallel oder senkrecht zur c-Achse des Kristalls liegt. Das bedeutet, dass im c'-Resonator TE- oder TM-Moden mit $\vec{E}$ parallel oder senkrecht zur Wachstumsebene existieren können, während im Resonator senkrecht dazu ordentliche (o) oder außerordentliche (eo) Moden existieren. Dies wirkt sich zusammen mit der Ausrichtung der Subbänder auf den Gewinn aus: In c'-Richtung ist der Gewinn der TE-Mode maximal, da hier der Übergang zum am stärksten besetzten A-Band stattfindet. Das kaum besetzte C-Band koppelt an die TM-Mode, die daher kaum Gewinn zeigt. In der dazu senkrechten Richtung koppeln beide Moden an das B- und C-Subband, wobei die eo-Mode bei Kristallwinkeln größer als 45° bedingt durch den Winkelversatz zwischen Subbandorbitalen und Eigenmoden den höheren Gewinn zeigt.

Einer der Hauptgründe für die Benutzung semipolarer Orientierungen ist die Reduktion der internen spontanen und piezoelektrischen Polarisationsfelder. Es wurden Methoden zur exakten Bestimmung dieser Felder diskutiert und erprobt. Mit Hilfe der Elektrotransmissionsspektroskopie, bei der die internen Felder durch eine extern angelegte Spannung verändert und die Änderung der effektiven Bandlücke beobachtet wird, konnte das interne Feld eines dreifachen InGaN-Quantenfilms auf (0001)-GaN bestimmt werden. Es liegt für einen Indiumgehalt von rund 15% in der aktiven Zone bei -1,1 MVcm^{-1}. Dieser Wert stimmt mit den theoretischen Erwartungen und den Ergebnissen anderer Arbeitsgruppen überein. Für semipolare Strukturen

Kapitel 5. Zusammenfassung

auf verschiedenen Orientierungen konnte gezeigt werden, dass das Feld größer als -3 kVcm^{-1} ist. Während andere Arbeitsgruppen die Größe des eingebauten Potentials und der Verarmungszone häufig errechnet haben, wurden diese Werte hier aufgrund der höheren Genauigkeit experimentell ermittelt. Im Experiment konnte nicht nachgewiesen werden, ob und bei welchem Kristallwinkel es zu einer Umkehr der Polarisationsfelder kommt. Der Grund ist, dass das eingebaute Potential und das Polarisationsfeld in diesem Fall parallel orientiert wären und somit vor Erreichen der Feldkompensation ein großer Strom in Vorwärtsrichtung fließt, der die angelegte Spannung abbaut. Es wurden verschiedene Methoden wie das Wachstum mit dem pn-Übergang in umgedrehter Richtung zur Umgehung dieses Problems betrachtet. Diese sind jedoch nicht geeignet, da es hier zu einer Verschleppung von Magnesium in höhere Schichten und Strompfadeinschnürungen kommt. Als Ausblick bietet sich das Wachstum auf stickstoffpolaren Oberflächen an, wodurch die Richtung des Polarisationsfelds in Bezug auf die Wachstumsrichtung umgekehrt wird.

6 Anhang

6.1 Gainanisotropie

Das Übergangsmatrixelement $\left|\langle i|H_{int}^{SE}|f\rangle\right|^2$ für stimulierte Emission zwischen dem Anfangszustand i und dem Endzustand f ist gegeben durch [124]:

$$\left|\langle i|H_{int}^{SE}|f\rangle\right|^2 = \frac{e^2}{m_0^2}\left|\langle i|\vec{a}\cdot\vec{p}|f\rangle\right|^2 \Gamma \frac{1}{Ad}\frac{\hbar N_{ph}}{2\epsilon_0 n_{eff}^2 \omega} \quad (6.1)$$

Hierbei ist H_{int}^{SE} der Wechselwirkungs-Hamiltonoperator für stimulierte Emission, n_{eff} ist der effektive Brechungsindex, $\vec{a}$ ist der Photonenpolarisationsvektor, $\vec{p}$ ist das Impulsmatrixelement und Γ ist der Confinementfaktor.

Der Materialgewinn (Gain) $G^{(a)}(\hbar\omega)$ ist beschrieben durch [124]

$$G^{(a)}(\hbar\omega) = \frac{e^2}{4\pi^2 c_0 \epsilon_0 m_0^2 n_{eff}\omega E_\gamma d}\sum_{i,f}\int_0^\infty k'dk'\int_0^{2\pi}d\phi\left|\langle i|\vec{a}\cdot\vec{p}|f\rangle(k',\phi)\right|^2$$
$$\cdot (f_c(E_i(k',\phi)) - f_v(E_f(k',\phi)))\operatorname{sech}\left(\frac{\Delta E_{if}(k',\phi) - \hbar\omega}{E_\gamma}\right) \quad (6.2)$$

Dabei ist n_{eff} der effektive Brechungsindex, k' der Elektronen- bzw. Lochimpulsvektor, f_c und f_v sind die Quasifermifunktionen für das Leitungs-und das Valenzband, $\vec{a}$ ist der Photonenpolarisationsvektor, $\vec{p}$ ist das Impulsmatrixelement und E_γ und die $\operatorname{sech}(\dots)$ Funktion geben eine inhomogene Verbreiterung an. Der k'-Vektor ist über $k' = k' \cos\phi \vec{e}_{x'} + k' \sin\phi \vec{e}_{y'}$ mit den Einheitsvektoren $\vec{e}_{x'}$ und $\vec{e}_{y'}$ verknüpft.

6.2 PIN-Diode

Die Formel 4.7 für die Breite der Verarmungszone d_d einer Pindiode kann hergeleitet werden, wenn man für die Dotierkonzentration einen stufenförmigen Verlauf annimmt und diesen dann integriert und die Stetigkeitsbedingungen berücksichtigt. x_n, x_p und x_i sind die Breiten der Verarmungszone im n- und p-Gebiet sowie die Breite des intrinsischen (undotierten) Bereichs.

$$\rho(x) = \begin{cases} 0 & x < 0 \\ qN_A & 0 \leq x < x_p \\ 0 & x_p \leq x < x_p + x_i \\ qN_D & x_p + x_i \leq x < x_p + x_i + x_n \\ 0 & x_p + x_i + x_n \leq x \end{cases} \quad (6.3)$$

Durch Integration ergibt sich das elektrische Feld $\vec{E}$ über $\vec{E} = -\nabla\rho/\epsilon$ mit der Randbedingung $x_p N_A = x_n N_D$ zur Erhaltung der Ladungsträgerneutralität.

$$\vec{E}(x) = \begin{cases} 0 & x < 0 \\ -\frac{qN_A}{\epsilon}x & 0 \leq x < x_p \\ -\frac{qN_A}{\epsilon}x_p & x_p \leq x < x_p + x_i \\ -\frac{qN_D}{\epsilon}(x_p + x_i + x_n) + \frac{qN_D}{\epsilon}x & x_p + x_i \leq x < x_p + x_i + x_n \\ 0 & x_p + x_i + x_n \leq x \end{cases} \quad (6.4)$$

Eine zweite Integration ergibt das Potential Φ über $\Phi = \nabla \cdot \vec{E}$ mit dem durch die Ladungsträgerdiffusion entstehenden internen Potential, das sich in der built-in-Spannung V_{bi} zeigt.

6.2. PIN-Diode

$$\Phi(x) = \begin{cases} 0 & x < 0 \\ \frac{qN_A}{2\epsilon}x^2 & 0 \leq x < x_p \\ \frac{qN_A}{\epsilon}x_p x - \frac{qN_A}{2\epsilon}x_p^2 & x_p \leq x < x_p + x_i \\ \frac{qN_D}{\epsilon}(x_p + x_i + x_n)x - \frac{qN_D}{2\epsilon}x^2 \\ \quad -\frac{qN_A}{\epsilon}x_p\left(\frac{x_p}{2} + x_i\right) - \frac{qN_D}{\epsilon}\left(\frac{x_p}{2} + \frac{x_i}{2} + x_n\right)(x_p + x_i) & x_p + x_i \leq x < x_p + x_i + x_n \\ V_{bi} & x_p + x_i + x_n \leq x \end{cases}$$
(6.5)

Dotierkonzentrationen, elektrisches Feld und Potentialverlauf sind in Abbildung 6.1 für eine pin-Diode ohne Quantenfilme gezeigt.

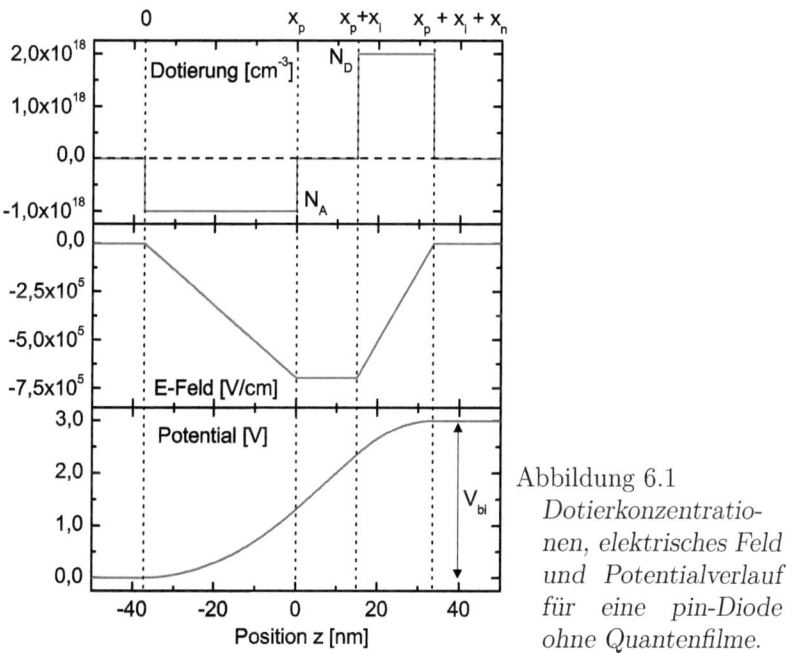

Abbildung 6.1
Dotierkonzentrationen, elektrisches Feld und Potentialverlauf für eine pin-Diode ohne Quantenfilme.

Durch die Stetigkeitsbedingung für das Potential am Übergang zwischen intrinsischem Gebiet und n-Gebiet $\Phi(x_p + x_i + x_n)|_{links} = \Phi(x_p + x_i + x_n)|_{rechts} = V_{bi}$ ergibt sich das eingebaute Potential V_{bi}:

Kapitel 6. Anhang

$$V_{bi} = \frac{q}{2\epsilon}\left(N_A x_p^2 + 2N_A x_p x_i + N_D x_n^2\right) \tag{6.6}$$

Durch Umformen unter Verwendung der Bedingung für die Ladungsträgerneutralität ergeben sich die Breiten der Verarmungszonen im p- und n-Gebiet. Hierbei ist bereits die externe Spannung V berücksichtigt.

$$\begin{aligned} x_n &= -x_i \frac{N_A}{N_D + N_A} + \sqrt{x_i^2\left(\frac{N_A}{N_D + N_A}\right)^2 + \frac{2\epsilon(V_{bi} - V)}{q}\frac{N_A}{N_D(N_D + N_A)}} \\ x_p &= -x_i \frac{N_D}{N_D + N_A} + \sqrt{x_i^2\left(\frac{N_D}{N_D + N_A}\right)^2 + \frac{2\epsilon(V_{bi} - V)}{q}\frac{N_D}{N_A(N_D + N_A)}} \end{aligned} \tag{6.7}$$

Die dotierte Verarmungszonenbreite d_d ist die Summe aus x_p und x_n und kann zum Ausdruck 4.7 vereinfacht werden. Die intrinsische Region x_i wird in diesem Fall mit d_u bezeichnet. Im Falle der Existenz piezoelektrischer Felder $\vec{E}_{pz}$ werden 6.6 und Formel 6.7 um die am Quantenfilm der Dicke d_{QW} abfallende Spannung modifiziert.

$$\begin{aligned} d_d &= -d_u + \sqrt{d_u^2 + \left(\frac{N_D + N_A}{N_A N_D}\right)\frac{2\epsilon_r\epsilon_0\left(V_{bi} - V + \vec{E}_{pz}d_{QW}\right)}{q}} \\ V_{bi} &= \left|-\frac{q}{2\epsilon_r\epsilon_0}\left(N_A x_p^2 + 2N_A x_p x_i + N_D x_n^2\right) + \vec{E}_{pz}d_{QW}\right| \end{aligned} \tag{6.8}$$

Literaturverzeichnis

[1] Okumura, H., Ohta, K., Feuillet, G., Balakrishnan, K., Chichibu, S., Hamaguchi, H., Hacke, P., and Yoshida, S., "Growth and characterization of cubic GaN," *Journal of Crystal Growth* **178**, 113 (1997).

[2] Nakamura, S., Senoh, M., Nagahama, S., Iwasa, N., Yamada, T., Matsushita, T., Kiyoku, H., and Sugimoto, Y., "InGaN-based multi-quantum-well-structure laser diodes," *Japanese Journal of Applied Physics* **35**, L74 (1996).

[3] Nakamura, S., Senoh, M., Nagahama, S., Iwasa, N., Yamada, T., Matsushita, T., Sugimoto, Y., and Kiyoku, H., "Room-temperature continuous-wave operation of InGaN multi-quantum-well structure laser diodes," *Applied Physics Letters* **69**, 4056 (1996).

[4] Itaya, K., Onomura, M., Nishio, J., Sugiura, L., Saito, S., Suzuki, M., Rennie, J., ya Nunoue, S., Yamamoto, M., Fujimoto, H., Kokubun, Y., Ohba, Y., ichi Hatakoshi, G., and Ishikawa, M., "Room temperature pulsed operation of nitride based multi-quantum-well laser diodes with cleaved facets on conventional c-face sapphire substrates," *Japanese Journal of Applied Physics* **35**, L1315 (1996).

[5] Kuramata, A., Domen, K., Soejima, R., Horino, K., ichi Kubota, S., and Tanahashi, T., "InGaN laser diode grown on 6H-SiC substrate using low-pressure metalorganic vapor phase epitaxy," *Journal of Crystal Growth* **189/190**, 826 (1998).

[6] Mack, M. P., Abare, A. C., Hansen, M., Kozodoy, P., Keller, S., Mishra, U., Coldren, L. A., and DenBaars, S. P., "Characteristics of indium-gallium-nitride multiple-quantum-well blue laser diodes grown by MOCVD," *Journal of Crystal Growth* **189/190**, 837 (1998).

[7] Kneissl, M., Bour, D. P., Johnson, N. M., Romano, L. T., Krusor, B. S., Donaldson, R., Walker, J., and Dunnrowicz, C., "Characterization of AlGaInN

Literaturverzeichnis

diode lasers with mirrors from chemically assisted ion beam etching," *Applied Physics Letters* **72**, 1539 (1998).

[8] Nagahama, S., Yanamoto, T., Sano, M., and Mukai, T., "Characteristics of InGaN laser diodes in the pure blue region," *Applied Physics Letters* **79**, 1948 (2001).

[9] Ryu, H., Haleem, K., Lee, S., Jang, T., Son, J., Paek, H., Sung, Y., Kim, H., Kim, K., Nam, O., Park, Y., and Shim, J., "High-performance blue InGaN laser diodes with single-quantum-well active layers," *IEEE Photonics Technology Letters* **19**, 1717 (2007).

[10] Goto, O., Hoshina, Y., Tanaka, T., Ohta, M., Ohizumi, Y., and Yabuki, Y., "High power pure-blue semiconductor lasers," *Proceedings of SPIE* **6485**, 64850Z (2007).

[11] Kozaki, T., Nagahama, S., and Mukai, T., "Recent progress of high-power GaN-based laser diodes," *Proceedings of SPIE* **6485**, 648503 (2007).

[12] Tsuda, Y., Ohta, M., Vaccaro, P. O., Ito, S., Hirukawa, S., Kawaguchi, Y., Fujishiro, Y., Takahira, Y., Ueta, Y., Takakura, T., and Yuasa, T., "Blue laser diodes fabricated on m-plane GaN substrates," *Applied Physics Express* **1**, 011104 (2008).

[13] Kim, K. S., Son, J. K., Lee, S. N., Sung, Y. J., Paek, H. S., Kim, H. K., Kim, M. Y., Ha, K. H., Ryu, H. Y., Nam, O. H., Jang, T., and Park, Y. J., "Characteristics of long wavelength InGaN quantum well laser diodes," *Applied Physics Letters* **92**, 101103 (2008).

[14] Queren, D., Avramescu, A., Brüderl, G., Breidenassel, A., Schillgalies, M., Lutgen, S., and Strauß, U., "500 nm electrically driven InGaN based laser diodes," *Applied Physics Letters* **94**, 081119 (2009).

[15] Miyoshi, T., Masui, S., Okada, T., Yanamoto, T., Kozaki, T., Nagahama, S., and Mukai, T., "510 - 515 nm InGaN-based green laser diodes on c-plane GaN substrate," *Applied Physics Express* **2**, 062201 (2009).

[16] Avramescu, A., Lermer, T., Müller, J., Tautz, S., Queren, D., Lutgen, S., and Strauß, U., "InGaN laser diodes with 50 mW output power emitting at 515 nm," *Applied Physics Letters* **95**, 071103 (2009).

Literaturverzeichnis

[17] Yoshizumi, Y., Adachi, M., Enya, Y., Kyono, T., Tokuyama, S., Sumitomo, T., Akita, K., Ikegami, T., Ueno, M., Katayama, K., and Nakamura, T., "Continuous-wave operation of 520 nm green InGaN-based laser diodes on semi-polar {20$\bar{2}$1} GaN substrates," *Applied Physics Express* **2**, 092101 (2009).

[18] Enya, Y., Yoshizumi, Y., Kyono, T., Akita, K., Ueno, M., Adachi, M., Sumitomo, T., Tokuyama, S., Ikegami, T., Katayama, K., and Nakamura, T., "531 nm green lasing of InGaN based laser diodes on semi-polar {20$\bar{2}$1} free-standing GaN substrates," *Applied Physics Express* **2**, 082101 (2009).

[19] Eppich, B., Sumpf, B., Ambacher, O., Boucke, K., Crump, P., Zhukov, A., Hoffmann, H.-D., Kneissl, M., Petersen, P., Sinzinger, S., Strauss, U., Unger, P., Walther, M., Chi, M., Häusler, K., Kleindienst, R., Rass, J., Schmid, W., Yang, Q., and Zeimer, U., [*Landolt-Börnstein: Numerical Data and Functional Relationships in Science and Technology, Advanced Materials and Technologies, Laser Systems, Part 3*], Springer-Verlag Gmbh, Berlin, Heidelberg, New York, 1st ed. (2011).

[20] Okamoto, K., Tanaka, T., and Kubota, M., "High-efficiency continuous-wave operation of blue-green laser diodes based on nonpolar m-plane gallium nitride," *Applied Physics Express* **1**, 072201 (2008).

[21] Okamoto, K., Kashiwagi, J., Tanaka, T., and Kubota, M., "Nonpolar m-plane InGaN multiple quantum well laser diodes with a lasing wavelength of 499.8 nm," *Applied Physics Letters* **94**, 071105 (2009).

[22] Tyagi, A., Farrell, R. M., Kelchner, K. M., Huang, C.-Y., Hsu, P. S., Haeger, D. A., Hardy, M. T., Holder, C., Fujito, K., Cohen, D. A., Ohta, H., Speck, J. S., DenBaars, S. P., and Nakamura, S., "AlGaN-cladding free green semipolar GaN based laser diode with a lasing wavelength of 506.4 nm," *Applied Physics Express* **3**, 011002 (2010).

[23] Nakamura, S. and Fasol, G., [*The blue laser diode: GaN based light emitters and lasers*], Springer, Berlin, Heidelberg, New York, 1st, ed. (1997).

[24] Nakamura, S., Senoh, M., Nagahama, S., Iwasa, N., Yamada, T., Matsushita, T., Kiyoku, H., Sugimoto, Y., Kozaki, T., Umemoto, H., Sano, M., and Chocho, K., "High-power, long-lifetime InGaN/GaN/AlGaN-based laser diodes grown on pure GaN substrates," *Japanese Journal of Applied Physics* **37**, L309 (1998).

Literaturverzeichnis

[25] Nakamura, S., Senoh, M., Nagahama, S., Iwasa, N., Yamada, T., Matsushita, T., Kiyoku, H., Sugimoto, Y., Kozaki, T., Umemoto, H., Sano, M., and Chocho, K., "Violet InGaN/GaN/AlGaN-based laser diodes with an output power of 420 mW," *Japanese Journal of Applied Physics* **37**, L627 (1998).

[26] Takeya, M., Tojyo, T., Asano, T., Ikeda, S., Mizuno, T., Matsumoto, O., Goto, S., Yabuki, Y., Uchida, S., and Ikeda, M., "High-power AlGaInN lasers," *physica status solidi (a)* **192**, 269 (2002).

[27] Sasaoka, C., Fukuda, K., Ohya, M., Shiba, K., Sumino, M., Kohmoto, S., Naniwae, K., Matsudate, M., Mizuki, E., Masumoto, I., Kobayashi, R., Kudo, K., Sasaki, T., and Nishi, K., "Over 1000 mW single mode operation of planar inner stripe blue-violet laser diodes," *physica status solidi (a)* **203**, 1824 (2006).

[28] Avramescu, A., Lermer, T., Müller, J., Eichler, C., Bruederl, G., Sabathil, M., Lutgen, S., and Strauss, U., "True green laser diodes at 524 nm with 50 mW continuous wave output power on c-plane GaN," *Applied Physics Express* **3**, 061003 (2010).

[29] ECMA - Standardizing Information and Communication Systems, "120 mm DVD - read-only disk, standard ecma-267," (2001). 3rd Edition, Online verfügbar unter http://www.ecma-international.org/publications/files/ECMA-ST/Ecma-267.pdf; besucht am 6. Januar 2011.

[30] Ichimura, I., Maeda, F., Osato, K., Yamamoto, K., and Kasami, Y., "Optical disk recording using a GaN blue-violet laser diode," *Japanese Journal of Applied Physics* **39**, 937 (2000).

[31] "White paper Blu-ray disc format, 4. key technologies," (2004). Online verfügbar unter http://www.blu-raydisc.com/Assets/Downloadablefile/4_keytechnologies-15264.pdf; besucht am 6. Januar 2011.

[32] "White paper Blu-ray disc format, 1. a physical format specifications for BD-RE," (2010). 5th Edition, Online verfügbar unter http://www.blu-raydisc.com/Assets/Downloadablefile/BD-R_physical_specifications-18326.pdf; besucht am 6. Januar 2011.

[33] Microvision, siehe http://www.microvision.com/pico_projector_displays/index.html.

Literaturverzeichnis

[34] Vurgaftman, I. and Meyer, J. R., "Band parameters for nitrogen-containing semiconductors," *Journal of Applied Physics* **94**, 3675 (2003).

[35] Sichel, E. K. and Pankove, J. I., "Thermal conductivity of GaN, 25-360k," *Journal of Phys. Chem. Solids* **38**, 330 (1977).

[36] Slack, G. A., Tanzilli, R. A., Pohl, R. O., and van der Sande, J. W., "The intrinsic thermal conductivity of AlN," *Journal of Phys. Chem. Solids* **48**, 641 (1987).

[37] Krukowski, S., Witek, A., Adamczyk, J., Jun, J., Bockowski, M., Grzegory, I., Lucznik, B., Nowak, G., Wroblewski, M., Presz, A., Gierlotka, S., Stelmach, S., Palosz, B., Porowski, S., and Zinn, P., "Thermal properties of indium nitride," *Journal of Phys. Chem. Solids* **59**, 289 (1998).

[38] Bernardini, F., Fiorentini, V., and Vanderbilt, D., "Spontaneous polarization and piezoelectric constants of III-V nitrides," *Phys. Rev. B* **56**, R10024–R10027 (Oct 1997).

[39] Kudrawiec, R., Misiewicz, J., Rudzinski, M., and Zajac, M., "Contactless electroreflectance of GaN bulk crystals grown by ammonothermal method and GaN epilayers grown on these crystals," *Applied Physics Letters* **93**, 061910 (2008).

[40] Leszczynski, M., Grzegory, I., Teisseyre, H., Suski, T., Bockowski, M., Jun, J., Baranowski, J. M., Porowski, S., and Domagala, J., "The microstructure of gallium nitride monocrystals grown at high pressure," *Journal of Crystal Growth* **169**, 235 (1996).

[41] Sakai, A., Sunakawa, H., and Usui, A., "Defect structure in selectively grown GaN films with low threading dislocation density," *Applied Physics Letters* **71**, 2259 (1997).

[42] Zheleva, T. S., Nam, O.-H., Bremser, M. D., and Davis, R. F., "Dislocation density reduction via lateral epitaxy in selectively grown GaN structures," *Applied Physics Letters* **71**, 2472 (1997).

[43] Frentrup, M., Ploch, S., Pristovsek, M., and Kneissl, M., "Crystal orientation of GaN layers on $(10\bar{1}0)$ m-plane sapphire," *physica status solidi (b)* **248**, 583 (2011).

Literaturverzeichnis

[44] Ravash, R., Blaesing, J., Dadgar, A., and Krost, A., "Semipolar single component GaN on planar high index Si (11h) substrates," *Applied Physics Letters* **97**, 142102 (2010).

[45] Kelchner, K. M., Lin, Y.-D., Hardy, M. T., Huang, C. Y., Hsu, P. S., Farrell, R. M., Haeger, D. A., Kuo, H. C., Wu, F., Fujito, K., Cohen, D. A., Chakraborty, A., Ohta, H., Speck, J. S., Nakamura, S., and DenBaars, S. P., "Nonpolar AlGaN-cladding-free blue laser diodes with InGaN waveguiding," *Applied Physics Express* **3**, 071003 (2009).

[46] Lermer, T., Schillgalies, M., Breidenassel, A., Queren, D., Eichler, C., Avramescu, A., Müller, J., Scheibenzuber, W., Schwarz, U., Lutgen, S., and Strauss, U., "Waveguide design of green InGaN laser diodes," *physica status solidi (a)* **207**, 1328 (2010).

[47] Wenzel, H., "[interne kommunikation."

[48] Goldhahn, R., Shokhovets, S., Scheiner, J., Gobsch, G., Cheng, T., Foxon, C., Kaiser, U., Kipshidze, G., and Richter, W., "Determination of group III nitride film properties by reflectance and spectroscopic ellipsometry studies," *physica status solidi (a)* **177**, 107 (2000).

[49] Sanford, N. A., Robins, L. H., Davydov, A. V., Shapiro, A., Tsvetkov, D. V., Dmitriev, A. V., Keller, S., Mishra, U. K., and DenBaars, S. P., "Refractive index study of $Al_xGa_{1-x}N$ films grown on sapphire substrates," *Journal of Applied Physics* **94**, 2980 (2003).

[50] Shokhovets, S., Goldhahn, R., Gobsch, G., Piekh, S., Lantier, R., Rizzi, A., Lebedev, V., and Richter, W., "Determination of the anisotropic dielectric function for wurtzite AlN and GaN by spectroscopic ellipsometry," *Journal of Applied Physics* **94**, 307 (2003).

[51] Goldhahn, R., Winzer, A., Cimalla, V., Ambacher, O., Cobet, C., Richter, W., Esser, N., Furthmüller, J., Bechstedt, F., Lu, H., and Schaff, W., "Anisotropy of the dielectric function for wurtzite InN," *Superlattices and Microstructures* **36**, 591 (2004).

[52] Sanford, N. A., Munkholm, A., Krames, M. R., Shapiro, A., Levin, I., Davydov, A. V., Sayan, S., Wielunski, L. S., and Madey, T. E., "Refractive index and birefringence of $In_xGa_{1-x}N$ films grown by MOCVD," *physica status solidi (c)* **2**, 2783 (2005).

[53] Seo Im, J., Kollmer, H., Off, J., Sohmer, A., Scholz, F., and Hangleiter, A., "Reduction of oscillator strength due to piezoelectric fields in GaN/Al$_x$Ga$_{1-x}$N quantum wells," *Phys. Rev. B* **57**, R9435–R9438 (Apr 1998).

[54] Waltereit, P., Brandt, O., Trampert, A., Grahn, H. T., Menniger, J., Ramsteiner, M., Reiche, M., and Ploog, K. H., "Nitride semiconductors free of electrostatic fields for efficient white light-emitting diodes," *Nature* **406**, 865 (2000).

[55] Wernicke, T., Schade, L., Netzel, C., Rass, J., Hoffmann, V., Ploch, S., Knauer, A., Weyers, M., Schwarz, U., and Kneissl, M., "Indium incorporation and emission wavelength of polar, nonpolar and semipolar InGaN quantum wells," *Semiconductor Science and Technology* **27**(2), 024014 (2012).

[56] Feneberg, M. and Thonke, K., "Polarization fields of III-nitrides grown in different crystal orientations," *Journal of Physics: Condens. Matter* **19**, 403201 (2007).

[57] Allred, A., "Electronegativity values from thermochemical data," *Journal of Inorganic and Nuclear Chemistry* **17**, 215 (1961).

[58] Romanov, A. E., Baker, T. J., Nakamura, S., and Speck, J. S., "Strain-induced polarization in wurtzite III-nitride semipolar layers," *Journal of Applied Physics* **100**, 023522 (2006).

[59] Stringfellow, G., [*Organometallic Vapor-Phase Epitaxy: Theory and Practice*], Academic Press, San Diego, CA, USA, 2nd ed. (1989).

[60] Li, J., Oder, T. N., Nakarmi, M. L., Lin, J. Y., and Jiang, H. X., "Optical and electrical properties of Mg-doped p-type Al$_x$Ga$_{1-x}$N," *Applied Physics Letters* **80**, 1210 (2002).

[61] Schubert, E. F., Grieshaber, W., and Goepfert, I. D., "Enhancement of deep acceptor activation in semiconductors by superlattice doping," *Applied Physics Letters* **69**, 3737 (1996).

[62] Kozodoy, P., Hansen, M., DenBaars, S. P., and Mishra, U. K., "Enhanced Mg doping efficiency in Al$_{0.2}$Ga$_{0.8}$N/GaN," *Applied Physics Letters* **74**, 3681 (1999).

[63] Kapon, E., [*Semiconductor Lasers: Optics and photonics*], vol. 2 - materials and structures, 286–287, Academic press, San Diego, London, 1st ed. (1999).

[64] Koda, R., Oki, T., Miyajima, T., Watanabe, H., Kuramoto, M., Ikeda, M., and Yokoyama, H., "100 W peak-power 1 GHz repetition picoseconds optical pulse generation using blue-violet GaInN diode laser mode-locked oscillator and optical amplifier," *Applied Physics Letters* **97**, 021101 (2010).

[65] Naoya, E., "The latest trends of display technology. GxL laser projector," *O plus E* **320**, 696 (2006).

[66] Adachi, M., Yoshizumi, Y., Enya, Y., Kyono, T., Sumitomo, T., Tokuyama, S., Takagi, S., Sumiyoshi, K., Sagaa, N., Ikegami, T., Ueno, M., Katayama, K., and Nakamura, T., "Low threshold current density InGaN based 520-530 nm green laser diodes on semi-polar $\{20\bar{2}1\}$ free-standing GaN substrates," *Applied Physics Express* **3**, 121001 (2010).

[67] Raring, J. W., Schmidt, M. C., Poblenz, C., Chang, Y.-C., Mondry, M. J., Li, B., Iveland, J., Walters, B., Krames, M. R., Craig, R., Rudy, P., Speck, J. S., DenBaars, S. P., and Nakamura, S., "High-efficiency blue and true-green-emitting laser diodes based on non-c-plane oriented GaN substrates," *Applied Physics Express* **3**, 112101 (2010).

[68] Kalinia, E., Kuznetsov, N., Dmitriev, V., Iirvine, K., and Carter jr., C., "Schottky barriers on n-GaN grown on SiC," *Journal of Electronic Materials* **25**, 831 (1996).

[69] Michaelson, H. B., "The work function of the elements and its periodicity," *Journal of Applied Physics* **48**, 4729 (1977).

[70] Ho, J.-K., Jong, C.-S., Chiu, C. C., Huang, C.-N., Shih, K.-K., Chen, L.-C., Chen, F.-R., and Kai, J.-J., "Low-resistance ohmic contacts to p-type GaN achieved by the oxidation of Ni/Au films," *Journal of Applied Physics* **86**, 4491 (1999).

[71] Mori, T., Kozawa, T., Ohwaki, T., Taga, Y., Nagai, S., Yamasaki, S., Asami, S., Shibata, N., and Koike, M., "Schottky barriers and contact resistances on p-type GaN," *Applied Physics Letters* **69**, 3537 (1996).

[72] Wu, C. I. and Kahn, A., "Investigation of the chemistry and electronic properties of metal/gallium nitride interfaces," *J. Vac. Sci. Technol. B* **16**, 2218 (1998).

[73] Mireles, F. and Ulloa, S. E., "Acceptor binding energies in GaN and AlN," *Phys. Rev. B* **58**, 3879–3887 (Aug 1998).

Literaturverzeichnis

[74] C.Cruz, S., Keller, S., Mates, T. E., Mishra, U. K., and DenBaars, S. P., "Crystallographic orientation dependence of dopant and impurity incorporation in GaN films grown by metal organic chemical vapor deposition," *Journal of Crystal Growth* **311**, 3817 (2009).

[75] Dennemarck, J., Böttcher, T., Figge, S., Einfeldt, S., Kröger, R., Hommel, D., Kaminska, E., Wiatroszak, W., and Piotrowska, A., "The role of sub-contact layers in the optimization of low-resistivity contacts to p-type GaN," *physica status solidi (c)* **1**, 2537 (2004).

[76] Gessmann, T., Graff, J. W., Li, Y.-L., Waldron, E. L., and Schubert, E. F., "Ohmic contact technology in III nitrides using polarization effects of cap layers," *Journal of Applied Physics* **92**, 3740 (2002).

[77] Kumakura, K., Makimoto, T., and Kobayashi, N., "Ohmic contact to p-GaN using a strained InGaN contact layer and its thermal stability," *Japanese Journal of Applied Physics* **42**, 2254 (2003).

[78] Schroder, D. K., [*Semiconductor material and device characterization*], 138–145, John Wiley & Sons, Inc., Hoboken, New Jersey, 3rd, ed. (2006).

[79] Ploch, S., Frentrup, M., Wernicke, T., Pristovsek, M., Weyers, M., and Kneissl, M., "Orientation control of GaN ($11\bar{2}2$) and ($10\bar{1}3$) grown on ($10\bar{1}0$) sapphire by metal-organic vapor phase epitaxy," *Journal of Crystal Growth* **312**, 2174 (2010).

[80] Ploch, S., Wernicke, T., Dinh, D. V., Pristovsek, M., and Kneissl, M., "Surface diffusion and layer morphology of ($11\bar{2}2$) GaN grown by metal-organic vapor phase epitaxy," *Journal of Applied Physics* **111**(3), 033526 (2012).

[81] Kim, J. K., Lee, J.-L., Lee, J. W., Shin, H. E., Park, Y. J., and Kim, T., "Low resistance Pd/Au ohmic contacts to p-type GaN using surface treatment," *Applied Physics Letters* **73**, 2953 (1998).

[82] Sun, J., Rickert, K. A., Redwing, J. M., Ellis, A. B., Himpsel, F. J., and Kuech, T. F., "p-GaN surface treatments for metal contacts," *Applied Physics Letters* **76**, 415 (2000).

[83] Jang, J.-S. and Seong, T.-Y., "Electronic transport mechanisms of nonalloyed Pt ohmic contacts to p-GaN," *Applied Physics Letters* **76**, 2743 (2000).

Literaturverzeichnis

[84] Ishikawa, H., Kobayashi, S., Koide, Y., Yamasaki, S., Nagai, S., Umezaki, J., Koike, M., and Murakami, M., "Effects of surface treatments and metal work functions on electrical properties at p-GaN/metal interfaces," *Journal of Applied Physics* **81**, 1315 (1996).

[85] Jang, J.-S. and Seong, T.-Y., "Mechanisms for the reduction of the schottky barrier heights of high-quality nonalloyed Pt contacts on surface-treated p-GaN," *Journal of Applied Physics* **88**, 3064 (2000).

[86] Kim, J. K., Lee, J.-L., Lee, J. W., Park, Y. J., and Kim, T., "Effect of Au overlayer on Ni contacts to p-type GaN," *J. Vac. Sci. Technol. B* **17**, 2675 (1999).

[87] Lee, J.-L., Weber, M., Kim, J. K., Lee, J. W., Park, Y. J., Kim, T., and Lynn, K., "Ohmic contact formation mechanism of nonalloyed Pd contacts to p-type GaN observed by positron annihilation spectroscopy," *Applied Physics Letters* **74**, 2289 (1999).

[88] Huh, C., Kim, S.-W., Kim, H.-M., Kim, D.-J., and Park, S.-J., "Effect of alcohol-based sulfur treatment on Pt ohmic contacts to p-type GaN," *Applied Physics Letters* **78**, 1942 (2001).

[89] Huh, C., Kim, S.-W., Kim, H.-S., Kim, H.-M., Hwang, H., and Park, S.-J., "Effects of sulfur treatment on electrical and optical performance of InGaN-GaN multiple-quantum-well blue light-emitting diodes," *Applied Physics Letters* **78**, 1766 (2001).

[90] Madjid, A. H. and Martinez, J. M., "Thermionic emission from nickel oxide," *Phys. Rev. Lett.* **28**, 1313 (May 1972).

[91] Lee, C.-S., Lin, Y.-J., and Lee, C.-T., "Investigation of oxidation mechanism for ohmic formation in NiOAu contacts to p-type GaN layers," *Applied Physics Letters* **79**, 3815 (2001).

[92] Jang, H. W., Kim, S. Y., and Lee, J.-L., "Mechanism for ohmic contact formation of oxidized NiOAu on p-type GaN," *Journal of Applied Physics* **94**, 1748 (2003).

[93] Look, D. C., Reynolds, D. C., Hemsky, J. W., Sizelove, J. R., Jones, R. L., and Molnar, R. J., "Defect donor and acceptor in GaN," *Phys. Rev. Lett.* **79**, 2273–2276 (Sep 1997).

Literaturverzeichnis

[94] Saarinen, K., Suski, T., Grzegory, I., and Look, D. C., "Thermal stability of isolated and complexed Ga vacancies in GaN bulk crystals," *Phys. Rev. B* **64**, 233201 (Nov 2001).

[95] Neugebauer, J. and van de Walle, C. G., "Gallium vacancies and the yellow luminescence in GaN," *Applied Physics Letters* **69**, 503 (1996).

[96] Jenkins, D. W. and Dow, J. D., "Electronic structures and doping of inn, $In_xGa_{1-x}N$, and $In_xAl_{1-x}N$," *Phys. Rev. B* **39**, 3317 (Feb 1989).

[97] Adivarahan, V., Lunev, A., Khan, M. A., Yang, J., Simin, G., Shur, M. S., and Gaska, R., "Very-low-specific-resistance Pd/Ag/Au/Ti/Au alloyed ohmic contact to p-GaN for high-current devices," *Applied Physics Letters* **78**, 2781 (2001).

[98] Design, P., "Fimmwave." waveguide mode solver.

[99] van Look, J.-R., Einfeldt, S., Krüger, O., Hoffmann, V., Knauer, A., Weyers, M., Vogt, P., and Kneissl, M., "Laser scribing for facet fabrication of InGaN MQW diode lasers on sapphire substrates," *IEEE Photonics Technology Letters* **22**, 416 (2010).

[100] Stocker, D., Schubert, E., and Redwing, J., "Crystallographic wet chemical etching of GaN," *Applied Physics Letters* **73**, 2654 (1998).

[101] Wellmann, P. J., Sakwe, S. A., Oehlschläger, F., Hoffmann, V., Zeimer, U., and Knauer, A., "Determination of dislocation density in MOVPE grown GaN layers using KOH defect etching," *Journal of Crystal Growth* **310**, 955 (2008).

[102] Wernicke, T., Ploch, S., Hoffmann, V., Knauer, A., Weyers, M., and Kneissl, M., "Surface morphology of homoepitaxial GaN grown on non- and semipolar GaN substrates," *physica status solidi (b)* **248**, 574 (2011).

[103] Netzel, C., Hoffmann, V., Wernicke, T., Knauer, A., Weyers, M., Kneissl, M., and Szabo, N., "Temperature and excitation power dependent photoluminescence intensity of GaInN quantum wells with varying charge carrier wave function overlap," *Journal of Applied Physics* **107**(3), 033510 (2010).

[104] Kuokstis, E., Yang, J. W., Simin, G., Khan, M. A., Gaska, R., and Shur, M. S., "Two mechanisms of blueshift of edge emission in InGaN-based epilayers and multiple quantum wells," *Applied Physics Letters* **80**(6), 977–979 (2002).

Literaturverzeichnis

[105] Hirai, A., Jia, Z., Schmidt, M. C., Farrell, R. M., DenBaars, S. P., Nakamura, S., Speck, J. S., and Fujito, K., "Formation and reduction of pyramidal hillocks on m-plane $\{1\bar{1}00\}$ GaN," *Applied Physics Letters* **91**, 191906 (2007).

[106] Wu, F., Tyagi, A., Young, E. C., Romanov, A. E., Fujito, K., DenBaars, S. P., Nakamura, S., and Speck, J. S., "Misfit dislocation formation at heterointerfaces in (Al,In)GaN heteroepitaxial layers grown on semipolar free-standing GaN substrates," *Journal of Applied Physics* **109**, 033505 (2011).

[107] Young, E. C., Gallinat, C. S., Romanov, A. E., Tyagi, A., Wu, F., and Speck, J. S., "Critical thickness for onset of plastic relaxation in $(11\bar{2}2)$ and $(20\bar{2}1)$ semipolar AlGaN heterostructures," *Applied Physics Express* **3**, 111002 (2010).

[108] Drago, M., Schmidtling, T., Werner, C., Pristovsek, M., Pohl, U., and Richter, W., "InN growth and annealing investigations using in-situ spectroscopic ellipsometry," *Journal of Crystal Growth* **272**, 87 (2004).

[109] Neugebauer, J. and van de Walle, C. G., "Role of hydrogen in doping of GaN," *Applied Physics Letters* **68**, 1829 (1996).

[110] Wright, A. F., "Elastic properties of zinc-blende and wurtzite AlN, GaN, and InN," *Journal of Applied Physics* **82**, 2833 (1997).

[111] Morkoç, H., [*Nitride Semiconductors and Devices*], Springer-Verlag GmbH, Berlin, Heidelberg, New York, 1st ed. (1999).

[112] Peng, Y., Wang, B., Sun, H., Chen, W., and Liu, S., "Design of quantum structure stripe lasers for low threshold current," *Optical and Quantum Electronics* **31**, 23–28 (1999). 10.1023/A:1006963429212.

[113] Duboz, J., Binet, F., Dolfi, D., Laurent, N., Scholz, F., Off, J., Sohmer, A., Briot, O., and Gil, B., "Diffusion length of photoexcited carriers in GaN," *Materials Science and Engineering: B* **50**(1-3), 289 – 295 (1997).

[114] Suzuki, M. and Uenoyama, T., "Optical gain and crystal symmetry in III-V nitride lasers," *Applied Physics Letters* **69**, 3378 (1996).

[115] Ghosh, S., Waltereit, P., Brandt, O., Grahn, H. T., and Ploog, K. H., "Electronic band structure of wurtzite GaN under biaxial strain in the m plane investigated with photoreflectance spectroscopy," *Phys. Rev. B* **65**, 075202 (Jan 2002).

[116] Sun, Y. J., Brandt, O., Ramsteiner, M., Grahn, H. T., and Ploog, K. H., "Polarization anisotropy of the photoluminescence of m-plane (In,Ga)N/GaN multiple quantum wells," *Applied Physics Letters* **82**, 3850 (2003).

[117] Masui, H., Yamada, H., Iso, K., Nakamura, S., and DenBaars, S. P., "Optical polarization characteristics of InGaN/GaN light-emitting diodes fabricated on GaN substrates oriented between ($10\bar{1}0$) and ($10\bar{1}1$) planes," *Applied Physics Letters* **92**, 091105 (2008).

[118] Masui, H., Baker, T. J., Iza, M., Zhong, H., Nakamura, S., and DenBaars, S. P., "Light-polarization characteristics of electroluminescence from InGaN/GaN light-emitting diodes prepared on ($11\bar{2}2$)-plane GaN," *Journal of Applied Physics* **100**, 113109 (2006).

[119] Dingle, R., Sell, D. D., Stokowski, S. E., and Ilegems, M., "Absorption, reflectance, and luminescence of GaN epitaxial layers," *Phys. Rev. B* **4**, 1211–1218 (Aug 1971).

[120] Schade, L., Schwarz, U. T., Wernicke, T., Weyers, M., and Kneissl, M., "Impact of band structure and transition matrix elements on polarization properties of the photoluminescence of semipolar and nonpolar InGaN quantum wells," *physica status solidi (b)* **248**, 638 (2011).

[121] Ueda, M., Funato, M., Kojima, K., Kawakami, Y., Narukawa, Y., and Mukai, T., "Polarization switching phenomena in semipolar $In_xGa_{1-x}N$ /GaN quantum well active layers," *Phys. Rev. B* **78**, 233303 (Dec 2008).

[122] Kojima, K., Yamaguchi, A. A., Funato, M., Kawakami, Y., and Noda, S., "Gain anisotropy analysis in green semipolar InGaN quantum wells with inhomogeneous broadening," *Japanese Journal of Applied Physics* **49**(8), 081001 (2010).

[123] Schade, L., Schwarz, U. T., Wernicke, T., Rass, J., Ploch, S., Weyers, M., and Kneissl, M., "On the optical polarization properties of semipolar InGaN quantum wells," *Applied Physics Letters* **99**, 051103 (2011).

[124] Scheibenzuber, W. G., Schwarz, U. T., Veprek, R. G., Witzigmann, B., and Hangleiter, A., "Calculation of optical eigenmodes and gain in semipolar and nonpolar InGaN/GaN laser diodes," *Phys. Rev. B* **80**, 115320 (Sep 2009).

Literaturverzeichnis

[125] Rass, J., Wernicke, T., Scheibenzuber, W. G., Schwarz, U. T., Kupec, J., Witzigmann, B., Vogt, P., Einfeldt, S., Weyers, M., and Kneissl, M., "Polarization of eigenmodes in laser diode waveguides on semipolar and nonpolar GaN," *physica status solidi - rapid research letters* **4**(1-2), 1 (2010).

[126] Kupec, J., "Interne kommunikation." Integrated Systems Laboratory, ETH Zurich, Gloriastr. 35, 8092 Zurich, Switzerland.

[127] Shaklee, K. L. and Leheny, R. F., "Direct determination of optical gain in semiconductor crystals," *Applied Physics Letters* **18**, 475 (1971).

[128] Brendel, M., Kruse, A., Jönen, H., Hoffmann, L., Bremers, H., Rossow, U., and Hangleiter, A., "Auger recombination in GaInN/GaN quantum well laser structures," *Applied Physics Letters* **99**(3), 031106 (2011).

[129] Rass, J., Wernicke, T., Ploch, S., Brendel, M., Kruse, A., Hangleiter, A., Scheibenzuber, W., Schwarz, U. T., Weyers, M., and Kneissl, M., "Polarization dependent study of gain anisotropy in semipolar InGaN lasers," *Applied Physics Letters* **99**, 171105 (2011).

[130] Muth, J. F., Lee, J. H., Shmagin, I. K., Kolbas, R. M., Casey, H. C., Keller, B. P., Mishra, U. K., and DenBaars, S. P., "Absorption coefficient, energy gap, exciton binding energy, and recombination lifetime of GaN obtained from transmission measurements," *Applied Physics Letters* **71**, 2572 (1997).

[131] Brown, I. H., Pope, I. A., Smowton, P. M., Blood, P., Thomson, J. D., Chow, W. W., Bour, D. P., and Kneissl, M., "Determination of the piezoelectric field in InGaN quantum wells," *Applied Physics Letters* **86**, 131108 (2005).

[132] Shen, H., Wraback, M., Zhong, H., Tyagi, A., DenBaars, S. P., Nakamura, S., and Speck, J. S., "Determination of polarization field in a semipolar ($11\bar{2}2$) InGa/GaN single quantum well using franz-keldysh oscillations in electroreflectance," *Applied Physics Letters* **94**, 241906 (2009).

[133] Feneberg, M., Lipski, F., Sauer, R., Thonke, K., Wunderer, T., Neubert, B., Brückner, P., and Scholz, F., "Piezoelectric fields in GaInN/GaN quantum wells on different crystal facets," *Applied Physics Letters* **89**, 242112 (2006).

[134] Shen, H., Wraback, M., Zhong, H., Tyagi, A., DenBaars, S. P., Nakamura, S., and Speck, J. S., "Unambiguous evidence of the existence of polarization field crossover in a semipolar InGaN/GaN single quantum well," *Applied Physics Letters* **95**, 033503 (2009).

[135] Renner, F., Kiesel, P., Döhler, G. H., Kneissl, M., van de Walle, C. G., and Johnson, N. M., "Quantitative analysis of the polarization fields and absorption changes in InGaN/GaN quantum wells with electroabsorption spectroscopy," *Applied Physics Letters* **81**, 490 (2002).

[136] David, J. P. R., Sale, T. E., Pabla, A. S., Rodriguez-Girones, P. J., Woodhead, J., Grey, R., Rees, G. J., Robson, P. N., Skolnick, M. S., and Hogg, R. A., "Excitation power and barrier width dependence of photoluminescence in piezoelectric multiquantum well p-i-n structures," *Applied Physics Letters* **68**, 820 (1996).

[137] Takeuchi, T., Wetzel, C., Yamaguchi, S., Sakai, H., Amano, H., Akasaki, I., Kaneko, Y., Nakagawa, S., Yamaoka, Y., and Yamada, N., "Determination of piezoelectric fields in strained GaInN quantum wells using the quantum-confined stark effect," *Applied Physics Letters* **73**, 1691 (1998).

[138] Jho, Y. D., Yahng, J. S., Oh, E., and Kim, D. S., "Field-dependent carrier decay dynamics in strained $In_xGa_{1-x}N$/GaN quantum wells," *Phys. Rev. B* **66**, 035334 (Jul 2002).

[139] Georgakilas, A., Mikroulis, S., Cimalla, V., Zervos, M., Kostopoulos, A., Komninou, P., Kehagias, T., and Karakostas, T., "Effects of the sapphire nitridation on the polarity and structural properties of GaN layers grown by plasma-assisted MBE," *physica status solidi (a)* **188**(2), 567–570 (2001).

[140] Mikroulis, S., Georgakilas, A., Kostopoulos, A., Cimalla, V., Dimakis, E., and Komninou, P., "Control of the polarity of molecular-beam-epitaxy-grown GaN thin films by the surface nitridation of Al_2O_3 (0001) substrates," *Applied Physics Letters* **80**(16), 2886–2888 (2002).

Literaturverzeichnis

Abbildungsverzeichnis

1.1 Schwellstromdichte für verschiedene Wellenlängen und Entwicklung der Ausgangsleistung 13
1.2 Wurtzitstruktur für III-Nitridhalbleiter und Bandlücke als Funktion des Gitterabstands 17
1.3 Brechungsindex von AlGaN und InGaN über Wellenlänge 21
1.4 Model des QCSE 23
1.5 Kristallstruktur und Kristallachsen im Wurtzitsystem 23
1.6 Übersicht über typische verwendete Kristallebenen 24
1.7 Verspannte Tetraederbindung und berechnete Polarisationsfelder über den Kristallwinkel α 28
1.8 Aufbau MOVPE-Reaktor 29
1.9 Linienverbreiterung von InGaN-LEDs 30
1.10 Bandstruktur aktive Zone und Brechungsindex einer typischen Laserdiode 32
1.11 Vertikale Struktur eines Breitstreifen- und Rippenwellenleiterlasers . . 34

2.1 Prozessablauf für LEDs mit Vorderseitenkontakten 41
2.2 Prozessschritte einer Lithographie mit Positiv- und Negativlack . . . 42
2.3 Strukturierung eines Metallkontakts 44
2.4 Aufkleben von Probenstücken und Blasenbildung im Klebelack 49
2.5 Bandstruktur Metall-Halbleiterübergang 51
2.6 Bandstruktur mit 2DHG, nötige InGaN-Cap-Dicke zur 2DHG-Erzeugung 55
2.7 TLM-Struktur und Auswertung 58
2.8 Querschnitt TLM-Struktur 59
2.9 Strom- und Stromdichteabhängigkeit des spez. Kontaktwiderstands . 61
2.10 Magnesium- und Löcherkonzentration und Mobilität in p-GaN 62
2.11 AFM-Bilder semipolarer und polarer heteroepitaktischer p-GaN-Oberflächen 63
2.12 Vergleich unterschiedlicher Oxidätzung 65

Abbildungsverzeichnis

2.13 Spannungsverlauf und Kontaktwiderstand beim Tempern mit verschiedenen Temperaturen 70
2.14 Kontaktwiderstand von NiAu- und PdAgAu-Kontakten beim Tempern 72
2.15 Verfärbung oxidierter NiAu-Kontakte 74
2.16 Spannungsverlauf und bei NiAu- oder Pd-Kontakten auf semipolarem und polarem p-GaN 74
2.17 Stromabhängiger Kontaktwiderstand von NiAu-Kontakten 77
2.18 AFM-Bilder einer semipolaren $(20\bar{2}1)$-LED 79
2.19 Spannungsverlauf und Kontaktwiderstand von bulk-GaN-Proben . . . 80
2.20 Stromdichteabhängiger Kontaktwiderstand von bulk-GaN-Proben bei $10\,\text{kAcm}^{-2}$ 83
2.21 Schema Modenführung geometrische Optik und errechnete Reflektivität geneigter Laserfacetten 87
2.22 Laserfacetten für verschiedene Kristallebenen 90
2.23 Effekte beim Nass- und Trockenätzen 90
2.24 REM- und AFM-Bild einer gespaltenen a-Facette 93
2.25 REM-Aufnahmen der gespaltenen c'-Facette einer $(11\bar{2}2)$- und einer $(20\bar{2}1)$-Laserstruktur 94
2.26 Ätzschema für die trockenchemische Facettenstrukturierung 97
2.27 REM-Bild einer mit SF_6 strukturierten SiN-Maske 98
2.28 REM-Bild einer trockenchemisch geätzten c-plane Facette und Vergleich Schwellen von c-plane-Lasern mit gespaltenen und geätzten Facetten 99
2.29 REM-Aufnahmen von semipolaren trockenchemisch geätzten Facetten 101
2.30 REM-Aufnahmen von nasschemisch bearbeiteten semipolaren Laserfacetten 102
2.31 REM-Aufnahme einer mit FIB bearbeiteten Laserfacette 103

3.1 LED-Schichtstruktur und Photo eines Gitterkontakts 111
3.2 Spektren von semipolaren LEDs 112
3.3 Detailansicht LEDs mit transparenten p-Kontakten 113
3.4 µ-PL-Messung an Bügeleisenstruktur 114
3.5 Leistungs- und Spannungskennlinien und Blauverschiebung semipolarer LEDs 115
3.6 Foto semipolare LEDs 115
3.7 Ursachen für Blauverschiebung 117
3.8 EL- und Photostromspektren semipolarer LEDs und Messmethode Photostrom 118
3.9 Laserstruktur und Brechungsindex 121

Abbildungsverzeichnis

3.10 Oberflächen von semipolaren Laserstrukturen 123
3.11 PL-Spektren von Lasern auf verschiedenen Kristallebenen 125
3.12 Übersicht Laserspektren optisch gepumpter Laser 125
3.13 Brechzahlunterschied und Verspannungsenergie 128
3.14 Fernfeld einer Lasers mit variierter Wellenleiterdicke 130
3.15 Simulierte Modenverteilung bei Indiumvariation 132
3.16 Simulierte Modenverteilung bei Variation der oberen Schichtdicke . . 132
3.17 Simulierte Modenverteilung Indiumvariation Wellenleiter 133
3.18 Einfluss Quantenfilmzahl auf den Confinementfaktor 134
3.19 Messung Schwelle mit verschiedener QW-Zahl 137
3.20 Confinement und Laserschwelle bei asymmetrischem Wellenleiter . . . 138
3.21 Confinement und Verspannung 140
3.22 Messung Schwelle bei InGaN-Wellenleitern 141

4.1 Anordnung der Subbänder bei c-, $(11\bar{2}2)$- und m-plane InGaN 150
4.2 RT-Spektren in Abhängigkeit der Polarisationsrichtung auf verschiedenen Kristallorientierungen 151
4.3 Polarisationsgrad ρ und Energieverschiebung ΔE von semipolaren und nichtpolaren Proben 152
4.4 Resonatorlage, Winkel der Moden und Definition der Polarisations- und Kristallwinkel 154
4.5 Berechnete Verteilung der Eigenmodenpolarisation 155
4.6 ASE-Schwelle und Polarisationswinkel in Abhängigkeit der Resonatororientierung 157
4.7 ASE-Schwelle und Polarisationswinkel für semipolare und nichtpolare Laserstrukturen 158
4.8 Messaufbau für Laserschwellen, Polarisationszustände und zur Bestimmung von Gewinnspektren 160
4.9 Typisches Gewinnspektrum 160
4.10 PL-Spektren Gainmessung 163
4.11 Gewinnspektren semipolarer SQW-Strukturen 168
4.12 Resonatoren, Eigenmoden und Orbitale im $(11\bar{2}2)$-Kristall 169
4.13 Intensitäts- und Energieverteilungen eines $(11\bar{2}2)$-Wafers mit optisch pumpbaren Lasern 169
4.14 Oberflächenmorphologie eines $(11\bar{2}2)$-Wafers mit optisch pumpbaren Lasern 170
4.15 Gewinnspektren semipolarer SQW-Strukturen 170
4.16 PL-Spektren und ASE-Schwelle violetter und blauer Laser 171

Abbildungsverzeichnis

4.17 Aufbau für Transmissionsmessung und Bandverbiegung durch externe Spannung 173
4.18 Transmissionsmodulationsmessungen an c-plane LEDs 180
4.19 Transmissionsmodulationsmessungen an semipolaren LEDs 182
4.20 Stromverteilung LED mit oben liegender n-Schicht 186

6.1 Dotierkonzentrationen, elektrisches Feld und Potentialverlauf für eine pin-Diode ohne Quantenfilme 197

Danksagung

An dieser Stelle möchte ich allen danken, die mich unterstützt haben und ohne deren Hilfe diese Arbeit nicht hätte entstehen können:

Ich danke Prof. Dr. Michael Kneissl für die Möglichkeit, meine Dissertation in seiner Arbeitsgruppe anzufertigen, für die Betreuung während der Arbeit und für die hilfreichen wissenschaftlichen Gespräche.

Prof. Dr. Ulrich T. Schwarz danke ich dafür, dass er die Begutachtung der Arbeit übernommen hat sowie für die fruchtbare Zusammenarbeit, die zur Entstehung mehrerer Publikationen geführt hat.

Dr. Tim Wernicke danke ich für viele wertvolle Gespräche zu allen Themen rund um semipolare und nichtpolare Proben und für die immer angenehme Zusammenarbeit.

Ich danke den wissenschaftlichen Assistenten Dr. Markus Pristovsek und Dr. Patrick Vogt für wichtigen inhaltlichen Input und die wissenschaftliche Betreuung.

Ich möchte auch den vielen Kollegen und Mitarbeitern danken, die durch ihre Hilfe oder Anleitung wesentlich zum Erfolg dieser Arbeit beigetragen haben. Dazu zählen unter anderem Jessica Schlegel (Einführung in Gain- und Transmissionsmessungen), Martin Martens (Hilfe bei Photostrommessungen), Moritz Brendel und Andreas Kruse (Gainmessungen an der TU Braunschweig), Lukas Schade und Dr. Wolfgang Scheibenzuber (Mikro-PL-Messungen und numerische Berechnungen, IAF Freiburg), Luca Redaelli und Dr. Sven Einfeldt (Pro-

Danksagung

zesstechnologie, FBH Berlin), Neysha Lobo-Ploch (Maskendesign), Tim Kolbe (LED-Simulationen und -messungen), Dr. Tim Wernicke, Simon Ploch, Joachim Stellmach und Martin Frentrup (Epitaxie), Dr. Raimund Kremzow (AFM-Bilder von Laserfacetten) und Dr. Carsten Netzel (PL-mappings, FBH Berlin). Ich danke den Mitarbeitern und Kollegen des Nanophotonikzentrums der TU Berlin und den Technikern im Reinraum des FBH Berlin für ihre Unterstützung bei der Prozessierung, Martin Leyer für seine Hilfe bei Computerproblemen und Fragen zu LaTeX sowie Claudia Hinrichs für die Unterstützung in allen organisatorischen Fragen. Dem von mir betreuten Diplomanden Marcus Stascheit danke ich für die gute Zusammenarbeit bei der Untersuchung von Metall-Halbleiter-Kontakten.

Ich danke Prof. Dr. Günther Tränkle sowie dem Ferdinand-Braun-Institut, Leibniz-Institut für Höchstfrequenztechnik in Berlin, für die Möglichkeit, Teile meiner Forschung am Institut durchzuführen.

Ich möchte auch Dr. Tim Wernicke, Dr. Markus Pristovsek, Lukas Schade sowie Björn Raß und Manfred Raß dafür danken, dass sie das Korrekturlesen der Arbeit übernommen haben.

Auch nicht explizit genannten Kollegen möchte ich danken, die mir durch die Schaffung einer angenehmen Arbeitsatmosphäre geholfen haben, aus der Promotionszeit nicht nur eine lehrreiche, sondern auch eine angenehme und schöne Zeit zu machen.

Einen ganz besonderen Dank möchte ich meinen Eltern Manfred und Elfriede Raß aussprechen, die mich stets unterstützt und ermutigt haben. Ohne euch wäre ich heute nicht da, wo ich stehe.

Abschließend danke ich der Deutschen Forschungsgemeinschaft DFG für die finanzielle Unterstützung dieser Arbeit in den Projekten PolarCoN FOR 957 und SFB 787.

i want morebooks!

Buy your books fast and straightforward online - at one of world's fastest growing online book stores! Environmentally sound due to Print-on-Demand technologies.

Buy your books online at
www.get-morebooks.com

Kaufen Sie Ihre Bücher schnell und unkompliziert online – auf einer der am schnellsten wachsenden Buchhandelsplattformen weltweit! Dank Print-On-Demand umwelt- und ressourcenschonend produziert.

Bücher schneller online kaufen
www.morebooks.de

 VDM Verlagsservicegesellschaft mbH
Heinrich-Böcking-Str. 6-8   Telefon: +49 681 3720 174   info@vdm-vsg.de
D - 66121 Saarbrücken   Telefax: +49 681 3720 1749   www.vdm-vsg.de

Printed by Books on Demand GmbH, Norderstedt / Germany